用于能量收集的压电致动器和发电机

Piezoelectric Actuators and Generators for Energy Harvesting

谢尔盖·N. 什韦佐夫 (Sergey N. Shevtsov)
阿尔卡季·N. 索洛维耶夫 (Arkady N. Soloviev)
[俄] 伊凡·A. 普罗伊诺夫 (Ivan A. Parinov) 著
亚历山大·V. 切尔帕科夫 (Alexander V. Cherpakov)
瓦莱丽·A. 切巴年科 (Valery A. Chebanenko)
张宏壮 冯素丽 李阳 李颖 武斌 李忠民 译

国防工业出版社
·北京·

内 容 简 介

本书内容共分两部分：第一部分介绍了电弹性在能量收集研究中的应用，以及所研制的测试装置、压电发电机的试样、相应的实验方法和原始计算机算法并进行了数学建模；第二部分主要介绍实验理论方法、计算机模拟以及为研究和识别悬臂弹性杆结构中的缺陷而开发的装置。本书主要供普通高等院校微机电专业学生和从事压电精密驱动等方向研究的工程技术人员阅读参考。

著作权合同登记　图字：01-2024-0881 号

First published in English under the title
Piezoelectric Actuators and Generators for Energy Harvesting: Research and Development
by Sergey N. Shevtsov, Arkady N. Soloviev, Ivan A. Parinov, Alexander V. Cherpakov and Valery A. Chebanenko

图书在版编目（CIP）数据

用于能量收集的压电致动器和发电机 /（俄罗斯）谢尔盖·N. 什韦佐夫（Sergey N. Shevtsov） 著；张宏壮等译. -- 北京：国防工业出版社，2024.10. -- ISBN 978-7-118-13461-2

Ⅰ. TN384；TM31

中国国家版本馆 CIP 数据核字第 2024AV6293 号

※

国防工業出版社 出版发行
（北京市海淀区紫竹院南路 23 号　邮政编码 100048）
雅迪云印（天津）科技有限公司印刷
新华书店经售

*

开本 710×1000　1/16　**印张** 11　**字数** 188 千字
2024 年 10 月第 1 版第 1 次印刷　**印数** 1—1600 册　**定价** 120.00 元

（本书如有印装错误，我社负责调换）

国防书店：（010）88540777　　书店传真：（010）88540776
发行业务：（010）88540717　　发行传真：（010）88540762

译者序

能量收集技术可以收集外界环境中废弃或无用的能量，为低功率电子元器件提供运行所需的电能。随着微型器件功耗的降低将环境中的振动能转换为低功耗微型器件所需的电能成为可能。2000 年，有学者发现压电式能量收集器能够产生很高的电压和能量密度，因此吸引越来越多的人参与到对机械振动的压电能量收集的研究中来。在这一领域，研究最多的是利用压电效应将环境中的振动能转化为可用电能，很多现有产品正是基于这一原理工作的。

本书原著于 2018 年出版，涵盖了俄罗斯科学院南方科学中心、南联邦大学和顿河国立技术大学的科学家最新研究成果。在已有研究基础上，融合物理、力学和材料科学理论、实验和数值方法等，开展了压电能量收集和精密驱动理论、仿真和实验研究，提升了压电能量收集输出电压和功率，为压电能量收集和精密驱动研究提供了新途径。

本书在概述压电能量收集技术和应用的基础上，比较系统地介绍了压电装置组成结构、压电器件数学模型、压电能量收集、驱动数值模拟和实验分析的过程及结论，为压电精密驱动和能量收集研究提供了新的理论方法和实践借鉴。

本书第 1~3 章由张宏壮翻译，第 4、5 章由李阳翻译，第 6、7 章由冯素丽翻译，全书由张宏壮统稿和审核。在翻译过程中，富丽和李忠民对图表进行了绘制和整理，李颖在专业英语翻译方面提供了重要的帮助，武斌在物理专业方面提供了宝贵的意见。在本书的成稿过程中，龚琳、艾春雨、刘晓宇、张维正、乔廷婷、张雪鑫、陈松涛、孙宇等付出了辛勤的劳动，在此表示感谢。

感谢装备科技译著出版基金对本书的翻译和出版提供的大力支持。由于译者水平有限，书中难免有翻译不当之处，敬请广大读者批评指正。

前言

现代科学和技术面临的一个重大问题是如何接收、转化和储存从环境中获得的能量以及工作的机械装置和移动物体产生的能量。虽然在能源收集装置的研发和应用方面有相当多的科学文献，但在这一科技领域尚未取得重大突破。目前，这项研究计划进行结构优化，利用产品特定几何形状以及压电材料和复合材料的高物理机械特性来获得压电设备的最大输出特性，并开发有前景的实验、理论，以及研究这些复杂的技术系统数值方法。

本书介绍了罗斯托夫州铁压电科学学院在这一领域取得的一些成果。基于锆钛酸铅（PZT）的三组分体系的研究始于20世纪60年代末的罗斯托夫州立大学（现在的南联邦大学）。同期，开展了对四组分和五组分固溶体的深入研究，随后在20世纪90年代末，对基于压电陶瓷的六组分体系进行了研究。罗斯托夫州压电陶瓷（PCR）是一个著名的品牌，最初以PZT型陶瓷闻名。随着时间的推移，罗斯托夫州的科学家像基于其他铁电压电固溶体一样，基于PZT的成分研发并制造了100多个PCR系统。许多材料、复合材料和设备都是由罗斯托夫州的科学家开发、研究和制造的。他们在这些专题领域上发表了5000多篇期刊论文和著作，获得了200多项苏联、俄罗斯和国际专利（参见文献［4-8，20，50，64，120，130，135-139］及其参考文献）。

本书汇集整理了俄罗斯科学院南方科学中心、南联邦大学和顿河国立技术大学（罗斯托夫州）的科学家取得的一些最新成果。本书在原有结构和结合物理、力学和材料科学的理论、实验和数值方法的现代研究的基础上，介绍了研发不同类型的压电发电机和致动器的新途径；提出了设备的改进技术方案，得到了高电压和功率输出值，使这些产品能够应用于能源收集的各个领域。

全书内容分 7 章展开。

第 1 章对电弹性在能量收集研究中的应用问题进行了概述，主要介绍了对压电发电机（PEG）的研究。本章讨论了电弹性本构方程的张量形式，并阐述了相应的边值问题，详细介绍了悬臂式和叠层式压电发电机的数学模型，主要研究了由压电单元完全或部分覆盖基板的双晶片压电结构。对于广泛的特性（特别是第一阶固有频率、电压和输出功率），以数值形式列出结果。

第 2 章论述了所研制的测试上述收集机的原始装置、压电发电机的试样，以及相应的实验方法和原始计算机算法。为了优化两种类型压电发电机的结构，本章将所得到的分析及有限元结果与研发的测试装置测试得到的实验数据进行了比较，得到了不同载荷（谐波、脉冲和准静态）下的实验、数值和比较结果。

第 3 章对机械（特别是弯曲）载荷下非极化压电陶瓷中产生的挠曲电效应进行了数学建模，还讨论了用于估计这种效应的原始装置以及在三点弯曲下挠性电梁的实验结果。制定了一个相应的边值问题，并获得了可以进行数值实验的理论解；这些结果为研究由某种特定成分的铁电陶瓷板的挠曲电效应引起的电响应提供了可能；数值结果说明在非极化压电陶瓷梁中可能会出现电势，并通过实验对理论模型的定性成分作出结论。

第 4 章对高冲程挠性拉伸压电致动器功率进行了分析和数值模拟，该致动器由高功率压电叠层和聚合物复合材料壳体组成，用于放大冲程。为了克服压电换能器的主要缺点（在相对较高的操作力下冲程很小），提出并解决了致动器构造的优化问题。为了同时提供足够的冲程和刚度，须抵消外部载荷。放大外壳的形状，用有理贝塞尔曲线参数化。它们的参数（控制点的坐标和权重）通过遗传算法，根据目标函数值进行迭代更改，该目标函数值由压电换能器的有限元模型通过改变壳体的几何形状计算得出。

由于损坏和缺陷对所研究的压电收集机的可能特性都具有至关重要的影响，因此本书的第二部分专门介绍实验理论方法、计算机模拟以及为研究和识别悬臂弹性杆结构中的缺陷而开发的设备。

第 5 章介绍了这一领域的研究和进展。

第 6 章论述了带缺口弹性悬臂梁缺陷参数的识别方法，并研究了其振动参数与缺陷类型之间的关系。利用有限元方法对具有缺陷的悬臂杆整体模型的模态参数进行了有限元计算，给出了模型的振动形式。研究了固有频率与缺陷位置和大小的相关性。确定振动的最灵敏模态是根据其不同位置处的缺陷大小而定。在模型动态等效的基础上，对解析模型进行了悬臂弹力杆缺陷（缺口）尺寸与弹性单元抗弯刚度之间的相关性计算。

第7章介绍了一种可以对杆结构进行技术诊断的测量装置，它是基于第6章中提出的方法开发的。此外，本章还介绍了悬臂型梁结构缺陷识别的计算-实验方法及算法的开发和实现。为此，开发了原始软件和实验室信息测量装置，用于自动收集关于结构振动的信息，并对缺陷进行诊断。

本书笔者特别感谢 V. A. Akopyan 和 E. V. Rozhkov 参与本书提出实验方法的开发并创建了测试装置，也感谢俄罗斯基础研究基金会以及俄罗斯教育和科学部的资助。

本书自成一体，涵盖了必要的理论、实验和数值建模方法，主要面向对现代能量收集设备、相关设备的材料、相关研究的物理和数学方法的开发以及对定义其特性的实验设备感兴趣并参与研发的广大学生、工程师和专家。

俄罗斯顿河畔罗斯托夫　Sergey N. Shevtsov

Arkady N. Soloviev

Ivan A. Parinov

Alexander V. Cherpakov

Valery A. Chebanenko

2017年10月

CONTENTS

目录

第1章 压电发电机的数学建模

近年来，将机械能转化为电能的压电换能器的研究得到了大力发展。这种换能器称为压电发电机（PEG）。关于压电发电机的基本信息以及能源收集设备开发阶段出现的问题在文献［38，73，95，97］和文献［21，60，62］中都进行了说明。压电发电机有两种不同的结构：叠层式和悬臂式。压电发电机的应用十分广泛，例如，用于振动的压电阻尼[13,15,143,145]。

很多研究人员已经研究了悬臂式压电发电机的特性。压电发电机建模的方法有三种：集总参数建模、分布式参数建模、有限元建模。

压电发电机模型[3,22,58-59,143-144]的建立是基于机械系统振动的集总参数。由于压电发电机的输出参数（电压、功率等）及机电特性与外部电路电阻之间的解析相关，故该系统建模方式简便。

集总参数建模提供了问题的初始表示，所以使用简单的表达式就能描述系统。然而它是近似的，仅受一个振动模态的限制。这种描述没有考虑到系统的其他重要方面。

另一种建模方式是分布式参数建模。基于梁的欧拉-伯努利假设，针对悬臂式压电发电机的不同结构已在文献［53，61，157-158］中获得了耦合问题的解析解。笔者得出电阻电负载上的输出电压和控制台位移的清晰表达式；此外，还详细研究了具有短路和开路电路的压电发电机的特性，以及压电耦合效应和挠曲电效应的影响[53,158]。然而，这些研究并未考虑压电单元不完全覆盖基板的情况。

文献［123，154，161-162，164，182］主要研究不同类型悬臂压电发电机用有限元建模。使用这种建模方法，可以轻松解决压电单元未完全覆盖基板的情况。同时，获得压电单元对基板不完全覆盖的半解析解是很有意义的。

针对叠层式压电发电机的研究工作大部分基于有限元建模[33,35,63,160]和集总参数建模[59,69,184]。近年来，叠层式发电机的分析研究受到了人们广泛的关注。由于叠层式压电发电机能够承载高压缩，这使它们能够集成到不同的基础设施中（例如，运输道路和铁路），因此需要开发出用于预测压电发电机输出特性的数学模型。

文献［184，180］中提出了几种叠层式压电发电机模型。文献［184］中论述的模型取决于初始实验数据，不提供位移信息。文献［180］中提出的模型没有这样的缺点，由于它属于递归类型，因此分析起来非常烦琐。

综上所述，可以看出用分析法对不同类型的压电发电机建模的问题尚未解决，但对其进行研究很有意义。

1.1 电弹性问题的一般公式

电弹性理论中的基本方程是运动方程和电场方程[176]：

$$\sigma_{ji,j}+X_i=\rho\ddot{u}_i$$
$$D_{i,i}=0(\boldsymbol{x}\in V,t>0) \tag{1.1}$$

式中：$\sigma_{ji,j}$为应力张量的分量；X_i为重力矢量的分量；u_i为位移矢量的分量；$D_{i,i}$为电通密度矢量的分量；V为体积。

在这些方程中，添加了电弹性体的本构关系[176]：

$$\begin{cases}\sigma_{ij}=c_{ijkl}^{E}\varepsilon_{kl}-e_{kil}E_k\\D_i=e_{ikl}\varepsilon_{kl}+\ni_{ik}^{s}E_k\end{cases} \tag{1.2}$$

式中：c_{ijkl}^{E}为在恒定电场下测量的弹性模量张量的分量；ε_{kl}为线性形变张量的分量；e_{kil}为压电常数张量的分量；E_k为电场矢量的分量；$\ni_{ik}^{s}$为在恒定位移下测量的介电常数张量的分量。下面考虑准静态电场和线性形变：

$$\varepsilon_{ij}=\frac{1}{2}(u_{i,j}+u_{j,i})$$
$$E_i=-\varphi_{,i} \tag{1.3}$$

式中：φ 为电势。

通过将式（1.2）和式（1.3）代入式（1.1），得到一个耦合方程组，其中未知数是位移 u_i 和电势 φ：

$$c_{ijkl}^{E}u_{k,lj}-e_{kil}\varphi_{,kj}+X_i=\rho\ddot{u}_i$$
$$e_{ikl}u_{k,li}+\ni_{ik}^{s}\varphi_{,kj}=0 \tag{1.4}$$

第一个方程描述运动，第二个方程描述准静态电场。

这些方程的边界条件如下：令表面 S 由 Γ_1 和 Γ_2 两部分组成，因此 $S=\Gamma_1\cup\Gamma_2$，其中，$\Gamma_1\cap\Gamma_2=0$。假设位移 U_i 在 Γ_1 上施加，Γ_2 载荷 p_i 在 Γ_2 上施加。那么边界条件将具有以下形式：

$$u_i|_{\Gamma_1}=U_i(\boldsymbol{x},t)\ (\boldsymbol{x}\in\Gamma_1)$$
$$\sigma_{ji}n_j|_{\Gamma_2}=p_i(\boldsymbol{x},t)\ (\boldsymbol{x}\in\Gamma_2) \tag{1.5}$$

再将表面 S 分为 Γ_3 和 Γ_4 两部分，且 $S=\Gamma_3\cup\Gamma_4$ 和 $\Gamma_3\cap\Gamma_4=0$。假设 $\Gamma_3=\cup_{k=1}^{M}\Gamma_3^k$，$M\in\mathbf{Z}$，表面上的电势 φ 和 Γ_4 上的表面电荷 σ_0 给定。就得到如下形式的边界条件：

$$\varphi|_{\Gamma_3^k}=v_k(t)\ (\boldsymbol{x}\in\Gamma_3)$$
$$D_kn_k|_{\Gamma_4}=-\sigma_0(\boldsymbol{x},t)\ (\boldsymbol{x}\in\Gamma_4) \tag{1.6}$$

仍需要加上位移的初始条件：

$$u_i(\boldsymbol{x},0)=f_i(\boldsymbol{x})\dot{u}_i(\boldsymbol{x},0)=g_i(\boldsymbol{x})\ (\boldsymbol{x}\in V,t=0) \tag{1.7}$$

当第 k 个电极连接到外电路时，必须加上以下条件：

$$\iint_{\Gamma_3^k}\dot{D}_in_i\mathrm{d}s=I \tag{1.8}$$

在此条件下，利用电流 I 可以求出未知电势 v_k。

1.2 悬臂式压电发电机的数学建模

1.2.1 悬臂式压电发电机简介

考虑泛函可得[163]

$$\Pi=\iiint_V(H-X_iu_i)\mathrm{d}V-\iint_S(p_iu_i+\rho\varphi)\mathrm{d}S \tag{1.9}$$

式中：H 为电焓。推广到电弹性理论的哈密顿原理为

$$\delta\int_{t_1}^{t_2}(K - \Pi)\,\mathrm{d}t = 0 \tag{1.10}$$

式中：K 为动能。

将式（1.9）代入式（1.10），得到以下哈密顿原理的表达式：

$$\int_{t_1}^{t_2}\mathrm{d}t\iiint_V(\delta K - \delta H)\,\mathrm{d}V + \int_{t_1}^{t_2}\mathrm{d}t\left[\iiint_V X_i\delta u_i\mathrm{d}V + \iint_S(p_i\delta u_i + \sigma\delta\varphi)\,\mathrm{d}S\right] = 0 \tag{1.11}$$

线性电弹性中电焓的变化为

$$\delta H=\sigma_{ij}\delta\varepsilon_{ij}-D_i\delta E_i \tag{1.12}$$

动能的变化为

$$\delta\int_{t_1}^{t_2}K\mathrm{d}t = -\rho\int_{t_1}^{t_2}\mathrm{d}t\iiint_V \ddot{u}_i\delta u_i\mathrm{d}V \tag{1.13}$$

接下来，考虑没有重力和外部载荷的情况。假设表面电荷密度未知。

下面研究最简单的悬臂式压电发电机双压电晶片的设计，如图 1.1 所示。悬臂双压电晶片压电发电机的基本结构是两个粘在基板上的压电单元。该结构的一端被夹紧，另一端保持自由。压电单元并联并连接到由电阻器 R 组成的外部电路。测量该电阻上电位差 $v(t)$。由于电极和黏合剂层的厚度数值很小，因此可以忽略不计。

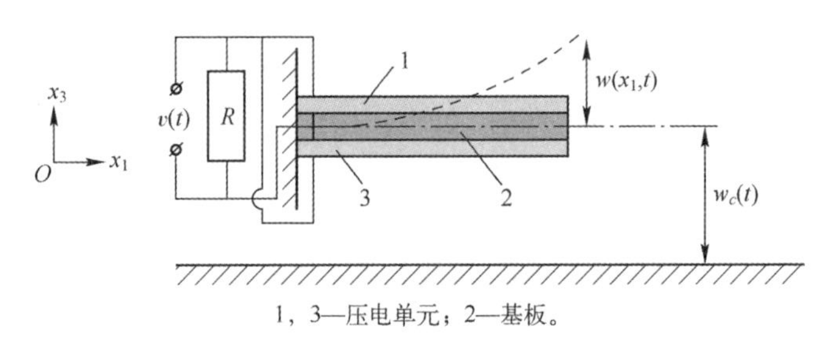

1，3—压电单元；2—基板。

图 1.1　双压电晶片悬臂压电发电机

为了简化图 1.1 所示结构特性，引入了欧拉–伯努利假设。压电发电机中的振动激励是通过固定端相对于某个平面的运动而发生的。因此，悬臂沿坐标 x_3 的绝对位移将由固定端的移动 $w_c(t)$ 和悬臂的相对位移 $w(x_1,t)$ 的总和组成。考虑到上述情况，位移向量 $\boldsymbol{u}$ 采用以下形式：

$$\boldsymbol{u}=\left[-x_3\frac{\partial w(x_1,t)}{\partial x_1},0,w((x_1,t)+w_c(t))\right]^{\mathrm{T}} \tag{1.14}$$

通过引入欧拉-伯努利假设，我们考虑了一维问题。这样就简化了本结构关系式（1.2）：

$$\sigma_{11}=c_{11}^{E*}\varepsilon_{11}-e_{31}^{*}E_3$$

$$D_3=e_{31}^{*}\varepsilon_{11}+\ni_{33}^{S*} \tag{1.15}$$

式中，材料常数表示如下：

$$c_{11}^{E*}=\frac{1}{s_{11}^{E}},\quad e_{31}^{*}=\frac{d_{31}}{s_{11}^{E}},\quad \ni_{33}^{S*}=\ni_{33}^{T}-\frac{d_{31}^{2}}{s_{11}^{E}} \tag{1.16}$$

在压电发电机的研究中，压电单元上的电极被应用于垂直于轴的长边一侧，因此只考虑 x_3 轴上的电势分量是有意义的。

假设压电单元足够薄，且内部没有自由电荷。因此，我们引入了压电陶瓷单元厚度上线性电场分布的假设：

$$\varphi_{,3}=\frac{v(t)}{h_p} \tag{1.17}$$

式中：$v(t)$ 为压电单元上、下电极之间的电位差；h_p 为压电单元的厚度。

引入的所有假设和推论，哈密顿原理式（1.11）采用以下形式：

$$\int_{t_1}^{t_2}\mathrm{d}t\left\{\iiint_V\left[\left(-c_{11}^{E*}x_3^2\frac{\partial^2 w(x_1,t)}{\partial x_1^2}+e_{31}^{*}x_3\frac{v(t)}{h_p}\right)\delta\left(\frac{\partial^2 w(x_1,t)}{\partial x_1^2}\right)+\left(\frac{e_{31}^{*}x_3}{h_p}\frac{\partial^2 w(x_1,t)}{\partial x_1^2}+\ni_{33}^{S*}\frac{v(t)}{h_p^2}\right)\right.\right.$$

$$\left.\left.\delta(v(t))-\rho(\ddot{w}(x_1,t)-\ddot{w}_c(t))\delta w(x_1,t)\right]\mathrm{d}V+\iint_S\frac{\sigma x_3}{h_p}\delta v(t)\,\mathrm{d}S\right\}=0 \tag{1.18}$$

分析这个问题，使用半离散坎托洛维奇（Kantorovich）方法比较方便[81]。为此，将梁的相对位移表示为一系列展开式：

$$w(x_1,t)=\sum_{i=1}^{N}\eta_i(t)\phi_i(x_1) \tag{1.19}$$

式中：N 为所研究的振动模态的阶数；$\eta_i(t)$ 为未知的广义坐标；$\phi_i(x_1)$ 为满足边界条件的已知试验函数。

将展开式（1.19）代入哈密顿原理式（1.18）后，将 $\delta\eta$ 和 δv 的独立变量的系数归零。由电荷密度 σ 在面积 S 上的积分给出一个未知的电荷 q：

$$\iint_S\sigma\,\mathrm{d}S=q \tag{1.20}$$

这样就得到了一个微分方程组。考虑到外部电路的影响，由于$\dot{q}=I$，对系统中的第二个方程进行微分。此外，使用欧姆定律，得到一个微分方程组，来描述连接到电阻器的双压电晶片压电发电机的强制振动：

$$\begin{cases} \boldsymbol{M}\ddot{\boldsymbol{\eta}}(t)+\boldsymbol{D}\dot{\boldsymbol{\eta}}(t)+\boldsymbol{K}\boldsymbol{\eta}(t)-\boldsymbol{\Theta}\boldsymbol{v}(t)=\boldsymbol{p} \\ C_p\dot{v}(t)+\boldsymbol{\Theta}^{\mathrm{T}}\dot{\boldsymbol{\eta}}(t)+\dfrac{v(t)}{R}=0 \end{cases} \tag{1.21}$$

式中：$\boldsymbol{D}=\mu\boldsymbol{M}+\gamma\boldsymbol{K}$ 为瑞利型阻尼矩阵，其余系数为

$$\begin{cases} C_p=\dfrac{b_pL_p}{h_p}\ni_{33}^{S*} \\ M_{ij}=\int_0^L m\varphi_i(x_1)\varphi_j(x_1)\mathrm{d}x_1 \\ K_{ij}=\int_0^L EI\varphi_i''(x_1)\varphi_j''(x_1)\mathrm{d}x_1 \\ p_i=-\ddot{w}_c(t)\left[\int_0^L m\varphi_i(x_1)\mathrm{d}x_1\right] \\ \theta_i=\int_0^L J_p\varphi_i''(x_1)\mathrm{d}x_1 \end{cases} \tag{1.22}$$

式中：C_p为电容；b_p为压电单元的宽度；L_p为压电单元的长度；M_{ij}为质量矩阵单元；K_{ij}为刚度矩阵单元；θ_i为机电的耦合向量单元；p_i为有效机械载荷向量单元；m 为比质量；EI 为弯曲刚度。

继续求解方程组（1.21）。假设激励 $w_c(t)$是谐波：

$$\begin{cases} w_c(t)=\widetilde{w}_c\mathrm{e}^{\mathrm{i}\omega t} \\ \boldsymbol{p}=\widetilde{\boldsymbol{p}}\mathrm{e}^{\mathrm{i}\omega t} \end{cases} \tag{1.23}$$

然后以以下形式求解：

$$\begin{cases} \boldsymbol{\eta}(t)=\widetilde{\boldsymbol{\eta}}\mathrm{e}^{\mathrm{i}\omega t} \\ v(t)=\widetilde{v}(t)\mathrm{e}^{\mathrm{i}\omega t} \end{cases} \tag{1.24}$$

式（1.23）和式（1.24）中变量上的波浪表示幅度。将式（1.23）和式（1.24）后代入式（1.21）的方程组为

$$\begin{cases} [-\omega^2\boldsymbol{M}+\mathrm{i}\omega(\mu\boldsymbol{M}+\gamma\boldsymbol{K})+\boldsymbol{K}]\widetilde{\boldsymbol{\eta}}-\boldsymbol{\Theta}\widetilde{v}=\widetilde{\boldsymbol{p}} \\ \left(\mathrm{i}\omega C_p+\dfrac{1}{R}\right)\widetilde{v}+\mathrm{i}\omega\boldsymbol{\Theta}^{\mathrm{T}}\widetilde{\boldsymbol{\eta}}=0 \end{cases} \tag{1.25}$$

经过一些简单的代数转换，在谐波基础激励的情况下，得到$\widetilde{\boldsymbol{\eta}}$和$\widetilde{v}$的解：

$$\begin{cases}\widetilde{\boldsymbol{\eta}}=\left[-\omega^2\boldsymbol{M}+\mathrm{i}\omega(\mu\boldsymbol{M}+\gamma\boldsymbol{K})+\boldsymbol{K}+\dfrac{\mathrm{i}\omega\boldsymbol{\Theta}\boldsymbol{\Theta}^{\mathrm{T}}}{\mathrm{i}\omega C_p+\dfrac{1}{R}}\right]^{-1}\widetilde{\boldsymbol{p}}\\ \widetilde{v}=-\dfrac{\mathrm{i}\omega\boldsymbol{\Theta}^{\mathrm{T}}}{\mathrm{i}\omega C_p+\dfrac{1}{R}}\left[-\omega^2\boldsymbol{M}+\mathrm{i}\omega(\mu\boldsymbol{M}+\gamma\boldsymbol{K})+\boldsymbol{K}+\dfrac{\mathrm{i}\omega\boldsymbol{\Theta}\boldsymbol{\Theta}^{\mathrm{T}}}{\mathrm{i}\omega C_p+\dfrac{1}{R}}\right]^{-1}\widetilde{\boldsymbol{p}}\end{cases} \tag{1.26}$$

1.2.2　数值实验

用于分析模型的方程（1.19）中的 Kantorovich 方法与试验函数 $\phi_i(x_1)$ 的应用相关。由于在方程组中扩展了位移 $w(x_1,t)$，因此实验功能必须满足机械边界条件。为了求出这些函数，需要解决梁的特征值问题。

接下来研究悬臂式压电发电机的四种结构，每种结构都有自己的设计特征。考虑到这些特征，梁被分成纵向段。因此，除了边界条件，我们还必须使用梁段的耦合条件。

除非另有说明，否则在进一步计算时，将使用表 1.1 中给出的物理和几何特性。

系统中的激励由基板的谐波位移 $w_c=\widetilde{w}_c\mathrm{e}^{\mathrm{i}\omega t}$ 给出，其幅值为 0.1mm，阻尼的模态阻尼系数相同：$\xi_1=\xi_2=0.02$。

从现在开始，输出电功率由式（1.27）计算：

$$P=\frac{v^2}{R} \tag{1.27}$$

表 1.1　压电发电机参数

项　　目	基　　板	压电单元
几何尺寸（$L_0\times b\times h$）	110mm×10mm×1mm	56mm×6mm×0.5mm
密度（ρ）	1650kg/m^3	8000kg/m^3
弹性模量和泊松比（E,v）	15GPa 和 0.12	—
弹性柔度（s_{11}^E）	—	17.5×10^{-2}Pa
相对介电常数（$\varepsilon_{33}^s/\varepsilon_0$）	—	5000
压电模量（d_{31}）	—	−350pC/N

1. 结构#1

从最简单的情况开始，如图 1.2 所示，此时压电单元的长度与基板的长度相同。图 1.2 中的变量 h_s和b_s分别为基板的高度和宽度，h_p和 b_p分别为压电单元的高度和宽度。此外，在文本中，变量中的下标 s 和 p 将分别表示这些变量与基板或压电单元的对应关系。为了求出 $\phi_i(x_1)$，需要解决给定梁的自由振动问题。

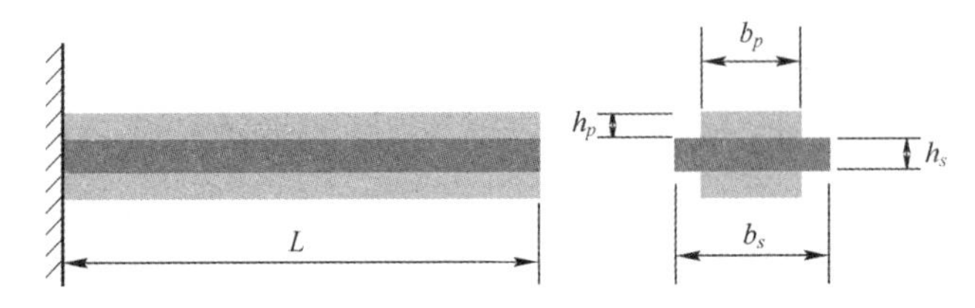

图 1.2　双压电晶片悬臂压电发电机及其横截面

由于这种结构非常简单，因此，在其他作者的许多成果中采用各种方法对其进行了研究。我们不给出它的数值结果，只给出一个通用的解决方案。

将振动方程的解写成通用形式：

$$\phi_i(x_1)=a_{1,i}\sin(\beta_i x_1)+a_{2,i}\cos(\beta_i x_1)+a_{3,i}\sinh(\beta_i x_1)+a_{4,i}\cosh(\beta_i x_1) \tag{1.28}$$

边界条件：

$$\begin{aligned}&\phi_i(0)=0\phi_i''(L)=0\\&\phi_i'(0)=0\phi_i'''(L)=0\end{aligned} \tag{1.29}$$

满足边界条件，我们得到了一个具有四个未知数的四个方程的齐次方程组。把它写成矩阵形式：

$$\boldsymbol{\Lambda}=\begin{pmatrix}a_{1,1} & \cdots & a_{1,4}\\ \vdots & \ddots & \vdots\\ a_{4,1} & \cdots & a_{4,4}\end{pmatrix}=0 \tag{1.30}$$

为了使给定方程组具有非零解，其行列式为零是充分且必要的。求出矩阵式（1.30）的行列式后，得到特征方程，从中得到特征值β_i：

$$1+\cos(\beta_i)\cosh(\beta_i)=0 \tag{1.31}$$

由于式（1.31）是一个超越方程，因此可以使用数值方法求解。得到β_i集后，可以计算所需模态数 N 的系数 a_i。

在此结构中，图 1.2 所示截面的比质量［式（1.22）］计算如下：

$$m = \rho_s A_s + 2\rho_p A_p \tag{1.32}$$

式中：$A = hb$ 为横截面积。

此结构的弯曲刚度 EI 计算如下：

$$EI = c_p\left[\iint_{S_{pu}} x_3^2 \mathrm{d}S + \iint_{S_{pl}} x_3^2 \mathrm{d}S\right] + c_s \iint_{S_s} x_3^2 \mathrm{d}S \tag{1.33}$$

式中：c_p 和 c_s 分别为相应的弹性模量；S_{pl} 和 S_{pu} 分别为对下部和上部压电单元进行积分的横截面面积。

函数 J_p 定义为

$$J_p = \frac{e_{31}^*}{h_p}\left(\iint_{S_{pl}} x_3 \mathrm{d}S + \iint_{S_{pu}} x_3 \mathrm{d}S\right) \tag{1.34}$$

上述情况可通过在梁的自由端加上验证质量 M 来修正（图 1.3）。在这种情况下，梁自由端的边界条件将改变如下：

$$\phi''_i(L) = 0$$

$$\phi'''_i(L) = -\alpha\beta^4\phi_i(L)$$

$$\alpha = \frac{M}{mL} \tag{1.35}$$

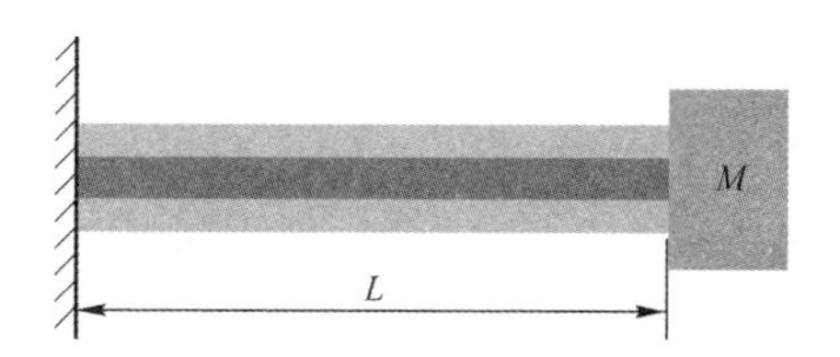

图 1.3　带验证质量的双压电晶片悬臂压电发电机

这种情况下的特征方程形式为

$$1 + \cos\beta_i \cosh\beta_i - \frac{\sin\beta_i \cosh\beta_i \beta_i m}{ML} + \frac{\cos\beta_i \sinh\beta_i \beta_i m}{ML} = 0 \tag{1.36}$$

向结构中添加验证质量需要考虑其对方程组（1.21）的影响，因为它影响动能的附加惯性载荷。

考虑到质量块，方程（1.22）中某些分量的表达式变化如下：

$$M_{ij} = \int_0^L m\phi_i(x_1)\phi_j(x_1)\mathrm{d}x_1 + M\phi_i(L_M)\phi_j(L_M)$$

$$p_i = -\ddot{w}_c(t)\int_0^L m\phi_i(x_1)\mathrm{d}x_1 + M\phi_i(L_M) \tag{1.37}$$

式中：L_M为质量块的坐标。在这种情况下，它是梁的自由端。

2. 结构#2

现在考虑图 1.4 所示的稍复杂的情况，需要将梁分成两部分。

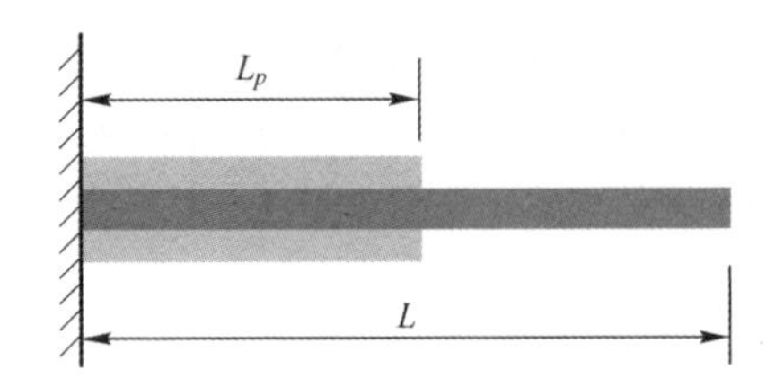

图 1.4 压电单元不完全覆盖的双压电晶片悬臂压电发电机

为了解决这种结构的特征值求解问题，将函数 $\phi_i(x_1)$ 定义为分段定义函数：

$$\phi_i(x_1)=\begin{cases}\phi_i^{(1)}(x_1) & (x_1\leqslant L_P)\\ \phi_i^{(2)}(x_1) & (x_1>L_P)\end{cases} \tag{1.38}$$

式中：$\phi_i^{(1)}$ 对应于被压电单元覆盖的梁左侧部分的振动形状；$\phi_i^{(2)}$ 对应于右侧部分；L_P为压电单元的长度。下面把梁的每个部分的解写成通用形式：

$$\begin{aligned}\phi_i^{(1)}(x_1)&=a_{1,i}\sin(\beta_i x_1)+a_{2,i}\cos(\beta_i x_1)+a_{3,i}\sinh(\beta_i x_1)+a_{4,i}\cosh(\beta_i x_1)\\ \phi_i^{(2)}(x_1)&=a_{5,i}\sin(\beta_i x_1)+a_{6,i}\cos(\beta_i x_1)+a_{7,i}\sinh(\beta_i x_1)+a_{8,i}\cosh(\beta_i x_1)\end{aligned} \tag{1.39}$$

写出梁端的边界条件和梁端压电单元的共轭条件：

$$\phi_i^{(1)}(L_P)=\phi_i^{(2)}(L_P)$$

$$\begin{matrix}\phi_i^{(1)}(0)=0 & & \phi_i^{(2)''}(L_P)=0\\ & \phi_i^{(1)'}(L_P)=\phi_i^{(2)'}(L_P) & \\ \phi_i^{(1)'}(0)=0 & & \phi_i^{(2)''}(L_P)=0\end{matrix}$$

$$\phi_i^{(1)''}(L_P)=\frac{EI^{(2)}}{EI^{(1)}}\phi_i^{(2)''}(L_P)$$

$$\phi_i^{(1)'''}(L_P)=\frac{EI^{(2)}}{EI^{(1)}}\phi_i^{(2)'''}(L_P) \tag{1.40}$$

式中：$EI^{(1)}$ 为左段的抗弯刚度；$EI^{(2)}$ 对应于右段的抗弯刚度。当满足边界条件时，将得到 8 个未知数的 8 个齐次方程矩阵：

$$\boldsymbol{\Lambda}=\begin{pmatrix} a_{1,1} & \cdots & a_{1,8} \\ \vdots & \ddots & \vdots \\ a_{8,1} & \cdots & a_{8,8} \end{pmatrix} \tag{1.41}$$

与前面的情况一样，求出给定方程组的行列式，并通过数值方法求解特征方程。由于烦琐，此处及下文均不引用特征方程。

如图 1.4 所示结构的比质量 m 计算如下：

$$m(x_1)=\rho_s A_s+2\rho_p A_p G(x_1) \tag{1.42}$$

式中：$G(x_1)$为负责压电单元在基板上的位置的函数。在此结构中，它等于：

$$G(x_1)=1-H(x_1-L_P) \tag{1.43}$$

式中：$H(x_1)$为 Heaviside 函数。该模型的抗弯刚度 $EI(x_1)$的计算方法类似：

$$EI(x_1)=c_p\left[\iint_{S_{pl}} x_3^2 \mathrm{d}S+\iint_{S_{pu}} x_3^2 \mathrm{d}S\right] G(x_1)+c_{\Pi}\iint_{S_s} x_3^2 \mathrm{d}S \tag{1.44}$$

函数 $J_p(x_1)$等于：

$$J_p(x_1)=\frac{e_{31}^*}{h_p}\left(\iint_{S_{pu}} x_3 \mathrm{d}S+\iint_{S_{pl}} x_3 \mathrm{d}S\right) G(x_1) \tag{1.45}$$

图 1.5 中模型的解与图 1.4 中模型的解完全相同。

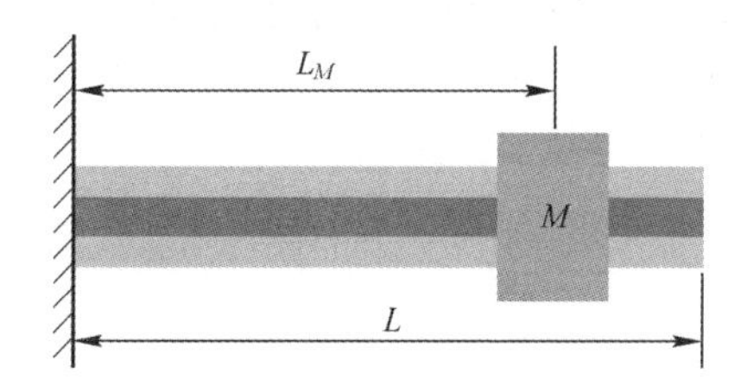

图 1.5 带有可移动的验证质量的双晶片悬臂压电发电机

主要区别在于质量附着位置的耦合条件：

$$\begin{gathered}\phi_i^{(1)}(L_M)=\phi_i^{(2)}(L_M) \\ \phi_i^{(1)\prime}(L_M)=\phi_i^{(2)\prime}(L_M) \\ \phi_i^{(1)\prime\prime}(L_M)=\phi_i^{(2)\prime\prime}(L_M) \\ \phi_i^{(1)\prime\prime\prime}(L_M)=\phi_i^{(2)\prime\prime\prime}(L_M) \\ \phi_i^{(1)\prime\prime\prime}(L_M)=\phi_i^{(2)\prime\prime\prime}(L_M)-\alpha\beta^4\phi_i^{(1)}(L_M) \\ \alpha=\frac{M}{mL}\end{gathered} \tag{1.46}$$

特定质量 m、弯曲刚度 EI 和函数 $J_p(x_1)$ 可分别从式（1.32）~式（1.34）中求得。

此外，在得到的图 1.4 所示模型解的基础上，构建了压电发电机基本性能特性与压电单元长度的函数关系。为了便于对结果进行分析，将压电单元的长度相对于基板的长度归一化。悬臂式压电发电机的所有相关性都是针对不同厚度的压电单元 h_p 获得的，其计算方法是将基板厚度 h_s 乘以某个系数（例如，$h_p=0.5h_s$）。所有特性均在一阶固有频率下进行研究，如图 1.6~图 1.9 所示。

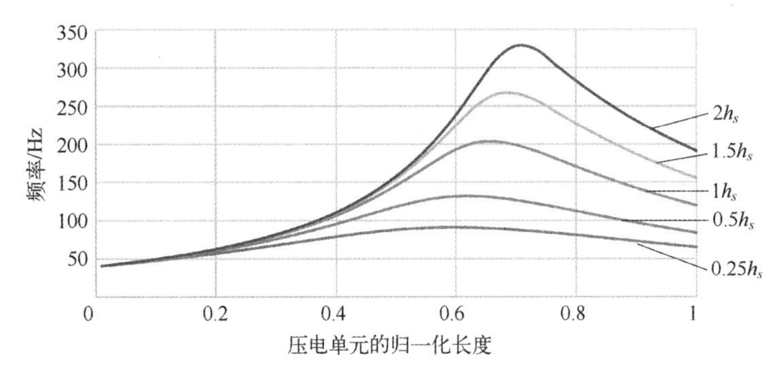

图 1.6　压电单元在不同厚度下的一阶固有频率对归一化长度的影响

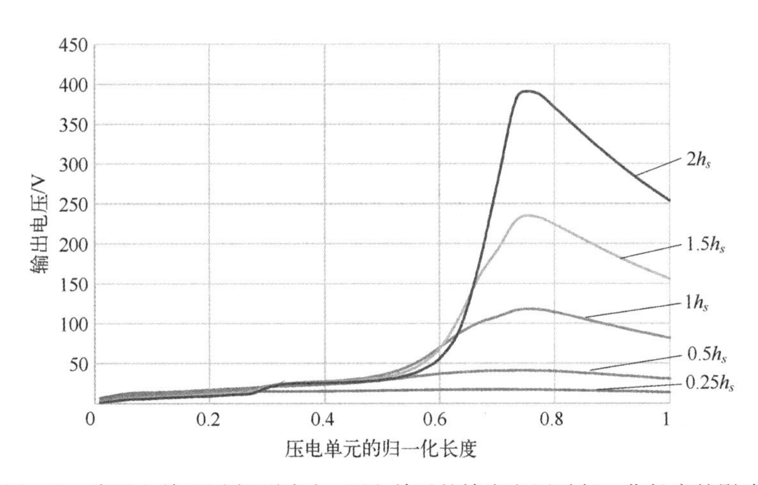

图 1.7　当压电单元厚度不同时，压电单元的输出电压对归一化长度的影响

通过对图 1.6~图 1.9 的分析，能够得出以下结论：

（1）增加压电单元的长度，会使固有频率、输出电压和输出功率增大到某个最大值，之后这些特征值开始减小；

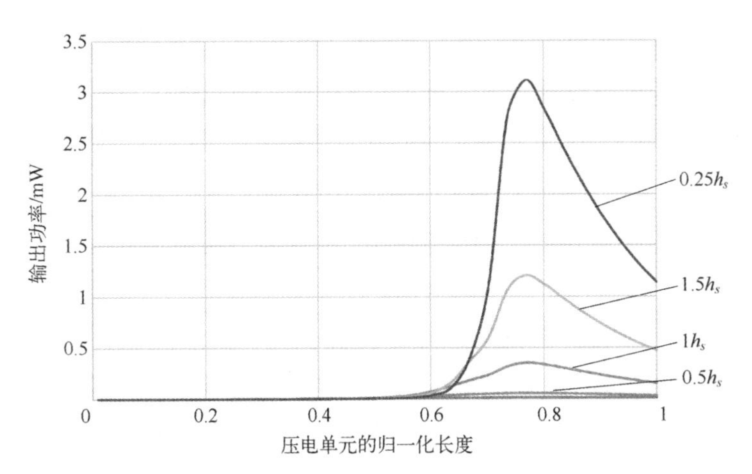

图 1.8 压电单元在不同厚度下的输出功率与归一化长度的关系

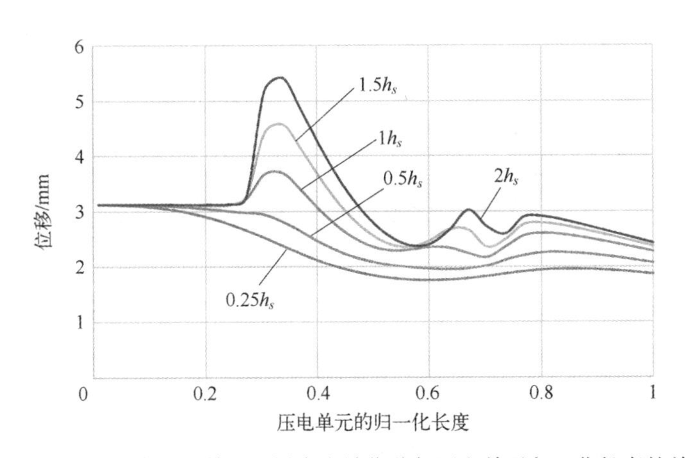

图 1.9 不同厚度压电单元的梁自由端位移与压电单元归一化长度的关系

（2）增加压电单元的厚度，也会增加固有频率、输出电压和输出功率；

（3）在研究值范围内，当压电单元的厚度是基板的两倍，并覆盖其长度的 80% 时，压电单元的输出功率达到最大值；

（4）对于不同厚度的压电单元，梁末端位移对压电单元长度的相关性具有复杂的形状。

3. 结构#3

现在考虑图 1.10 所示的更复杂的情况。

为了找到这种结构的解决方案，将梁分为三个部分：第一部分包括从固定端到压电单元的开始部位；第二部分是被压电单元覆盖的基板部分；第三部分是压电单元后面的梁剩余部分。在分段定义函数 $\phi_i(x_1)$ 中将梁的这种划分表示为

$$\phi_i(x_1)=\begin{cases}\phi_i^{(1)}(x_1) & (x_1\leqslant L_0)\\ \phi_i^{(2)}(x_1) & (L_0<x_1\leqslant L_p+L_0)\\ \phi_i^{(3)}(x_1) & (x_1>L_P+L_0)\end{cases} \tag{1.47}$$

式中：$\phi_i^{(1)}$、$\phi_i^{(2)}$ 和 $\phi_i^{(3)}$ 分别对应第一部分、第二部分和第三部分的振动形式；L_0为第一部分的长度。下面用通用形式写出梁每部分的解：

$$\begin{aligned}\phi_i^{(1)}(x_1)&=a_{1,i}\sin(\beta_i x_1)+a_{2,i}\cos(\beta_i x_1)+a_{3,i}\sinh(\beta_i x_1)+a_{4,i}\cosh(\beta_i x_1)\\ \phi_i^{(2)}(x_1)&=a_{5,i}\sin(\beta_i x_1)+a_{6,i}\cos(\beta_i x_1)+a_{7,i}\sinh(\beta_i x_1)+a_{8,i}\cosh(\beta_i x_1)\\ \phi_i^{(3)}(x_1)&=a_{9,i}\sin(\beta_i x_1)+a_{10,i}\cos(\beta_i x_1)+a_{11,i}\sinh(\beta_i x_1)+a_{12,i}\cosh(\beta_i x_1)\end{aligned} \tag{1.48}$$

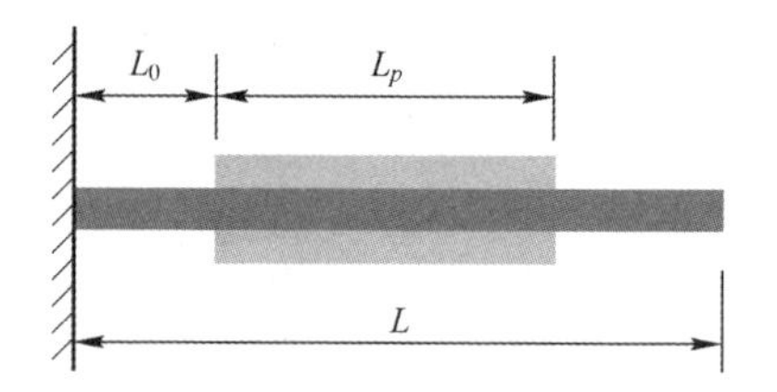

图 1.10　带有压电单元和验证质量的不完全基底涂层的双晶片悬臂压电发电机

梁两端的边界条件与方程（1.40）中的相同，唯一的区别是函数 $\varphi_i^{(3)}$ 现在对应于右端的位移。因此，我们只写出各段耦合条件：

$$\begin{gathered}\varphi_i^{(1)}(L_0)=\varphi_i^{(2)}(L_0)\varphi_i^{(2)}(L_0+L_p)=\varphi_i^{(3)}(L_0+L_p)\\ \varphi_i^{(1)\prime}(L_0)=\varphi_i^{(2)\prime}(L_0)\varphi_i^{(2)\prime}(L_0+L_p)=\varphi_i^{(3)\prime}(L_0+L_p)\\ \varphi_i^{(1)\prime\prime}(L_0)=\frac{EI^{(2)}}{EI^{(1)}}\varphi_i^{(2)\prime\prime}(L_0)\varphi_i^{(2)\prime\prime}(L_0+L_p)=\frac{EI^{(2)}}{EI^{(1)}}\varphi_i^{(3)\prime\prime}(L_0+L_p)\\ \varphi_i^{(1)\prime\prime\prime}(L_0)=\frac{EI^{(2)}}{EI^{(1)}}\varphi_i^{(2)\prime\prime\prime}(L_0)\varphi_i^{(2)\prime\prime\prime}(L_0+L_p)=\frac{EI^{(2)}}{EI^{(1)}}\varphi_i^{(3)\prime\prime\prime}(L_0+L_p)\end{gathered} \tag{1.49}$$

式中：$EI^{(1)}$ 为没有压电单元的段的弯曲刚度；$EI^{(2)}$ 为被压电单元覆盖的弯曲刚度。

在满足边界条件的情况下，可得到一个由 12 个方程组成的齐次方程组，

每个方程含有 12 个未知数：

$$\boldsymbol{\Lambda}=\begin{pmatrix} a_{1,1} & \cdots & a_{1,12} \\ \vdots & \ddots & \vdots \\ a_{12,1} & \cdots & a_{12,12} \end{pmatrix} \tag{1.50}$$

特定质量 m、弯曲刚度 EI 和函数 $J_p(x_1)$ 由式（1.42）~式（1.44）求得。但是对于给定的结构，这些方程中的函数 $G(x_1)$ 为

$$G(x_1)=H(x_1-L_0)-H(x_1-L_0-L_p) \tag{1.51}$$

将基板分成三部分的方法也适用于图 1.11 所示的情况，即当压电单元从固定端开始，没有完全覆盖基板，且质量块相对于末端发生位移。

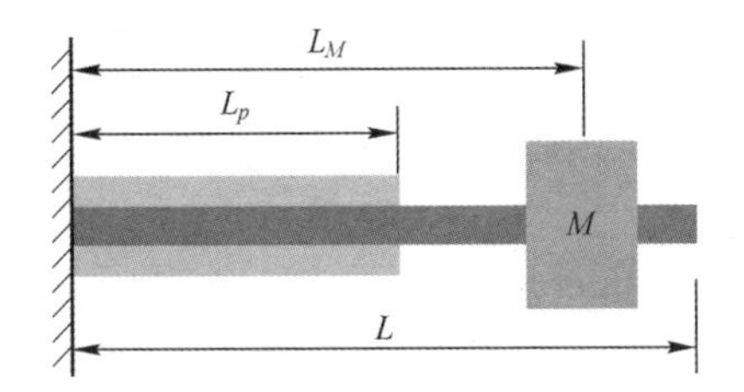

图 1.11　带有可移动验证质量的压电单元不完全覆盖的双压电晶片悬臂压电发电机

在这种情况下，分段定义的函数将如下所示：

$$\phi_i(x_1)=\begin{cases} \phi_i^{(1)}(x_1) & (x_1\leqslant L_p) \\ \phi_i^{(2)}(x_1) & (L_p<x_1\leqslant L_M) \\ \phi_i^{(3)}(x_1) & (x_1>L_M) \end{cases} \tag{1.52}$$

边界条件与式（1.49）相同，只是各段的耦合条件不同：

$$\begin{gathered} \phi_i^{(1)}(L_0)=\phi_i^{(2)}(L_0)\quad \phi_i^{(2)}(L_M)=\phi_i^{(3)}(L_M) \\ \phi_i^{(1)\prime}(L_0)=\phi_i^{(2)\prime}(L_0)\quad \phi_i^{(2)\prime}(L_M)=\phi_i^{(3)\prime}(L_M) \\ \phi_i^{(1)\prime\prime}(L_0)=\frac{EI^{(2)}}{EI^{(1)}}\phi_i^{(2)\prime\prime}(L_0)\quad \begin{array}{c} \phi_i^{(2)\prime\prime}(L_M)=\phi_i^{(3)\prime\prime}(L_M) \\ \phi_i^{(2)\prime\prime\prime}(L_M)=\phi_i^{(3)\prime\prime\prime}(L_M)-\alpha\beta^4\phi_i^{(2)}(L_M) \end{array} \\ \phi_i^{(1)\prime\prime\prime}(L_0)=\frac{EI^{(2)}}{EI^{(1)}}\phi_i^{(2)\prime\prime\prime}(L_0)\quad \alpha=\frac{M}{mL} \end{gathered} \tag{1.53}$$

式中：$EI^{(1)}$ 为有压电单元覆盖的段的弯曲刚度；$EI^{(2)}$ 为没有压电单元覆盖的段的弯曲刚度。

由于结构相似，因此此结构的函数 $G(x_1)$ 将等效于式（1.43）。

此外，如图 1. 12 ~ 图 1. 15 所示，对于图 1. 11 所示模型，当压电单元的厚度不同时，可以得到压电发电机的不同特性与压电单元归一化长度的关系。

对图 1. 12 ~ 图 1. 15 进行分析，可以得到与结构#2 相似的结论。然而，在这种情况下，3g 验证质量的存在显著降低了所研究的特性值，只有梁末端的位移增加了。

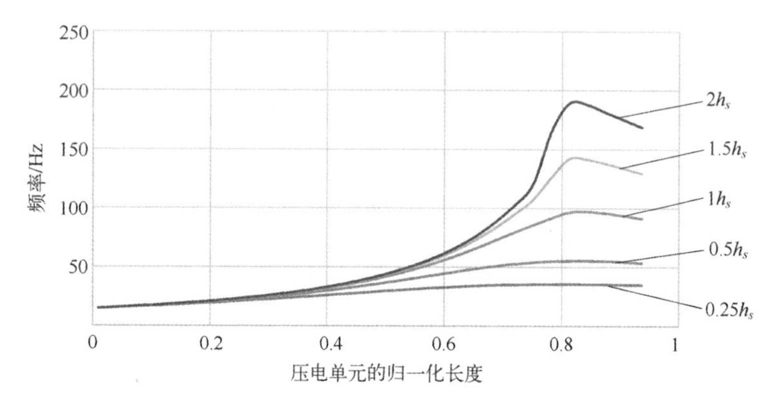

图 1. 12　压电单元在不同厚度下的第一固有频率与归一化长度的关系

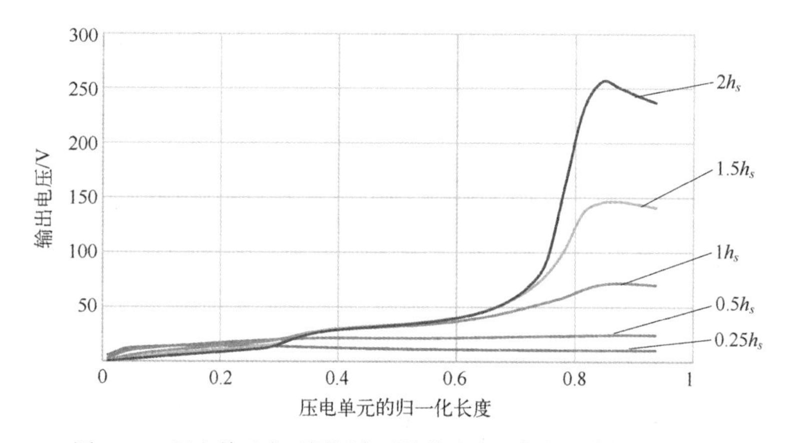

图 1. 13　压电单元在不同厚度下的输出电压与归一化长度的关系

4. 结构#4

下面考虑最一般的情况（当压电单元相对于彼此具有相同的长度并且总是对称结构时），如图 1. 16 所示。

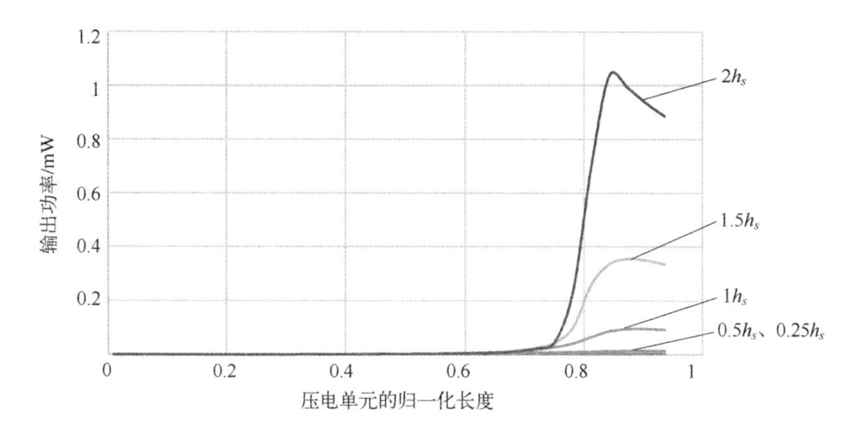

图 1.14 压电单元在不同厚度下的输出功率与归一化长度的关系

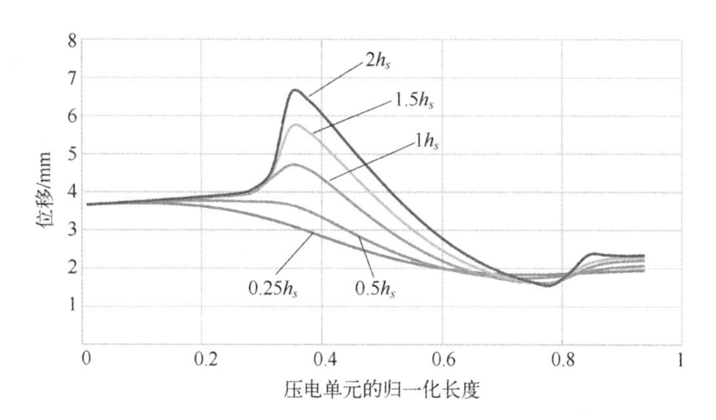

图 1.15 压电单元在不同厚度下的梁自由端位移与归一化长度的关系

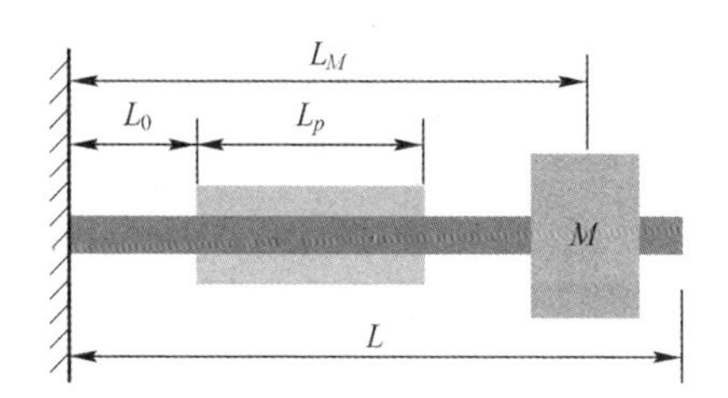

图 1.16 双压电晶片悬臂压电发电机，压电单元相对于固定端位移，验证质量相对于自由端位移

为了寻找这种设计的解决方案，需要将梁分成四个部分：第一部分是从夹紧部位到压电单元的开始部分；第二部分为覆盖有压电单元的基板部分；

第三部分是梁的自由部分，从压电单元后直到验证质量块的连接点；第四部分是在验证质量之后直到梁的末端。考虑到上述梁的划分，分段定义函数 $\phi_i(x_1)$ 的形式如下：

$$\phi_i(x_1)=\begin{cases}\phi_i^{(1)}(x_1) & (x_1\leqslant L_0)\\ \phi_i^{(2)}(x_1) & (L_0<x_1\leqslant L_P+L_0)\\ \phi_i^{(3)}(x_1) & (L_P+L_0<x_1\leqslant L_M)\\ \phi_i^{(4)}(x_1) & (x_1>L_M)\end{cases} \tag{1.54}$$

式中：$\phi_i^{(1)}$、$\phi_i^{(2)}$、$\phi_i^{(3)}$、$\phi_i^{(4)}$ 分别对应第一、第二、第三、第四部分的振动形式。梁的每部分写成通用形式为

$$\begin{aligned}\phi_i^{(1)}(x_1)&=a_{1,i}\sin(\beta_i x_1)+a_{2,i}\cos(\beta_i x_1)+a_{3,i}\sinh(\beta_i x_1)+a_{4,i}\cosh(\beta_i x_1)\\ \phi_i^{(2)}(x_1)&=a_{5,i}\sin(\beta_i x_1)+a_{6,i}\cos(\beta_i x_1)+a_{7,i}\sinh(\beta_i x_1)+a_{8,i}\cosh(\beta_i x_1)\\ \phi_i^{(3)}(x_1)&=a_{9,i}\sin(\beta_i x_1)+a_{10,i}\cos(\beta_i x_1)+a_{11,i}\sinh(\beta_i x_1)+a_{12,i}\cosh(\beta_i x_1)\\ \phi_i^{(4)}(x_1)&=a_{13,i}\sin(\beta_i x_1)+a_{14,i}\cos(\beta_i x_1)+a_{15,i}\sinh(\beta_i x_1)+a_{16,i}\cosh(\beta_i x_1)\end{aligned} \tag{1.55}$$

边界条件保持不变，不同的只是函数 $\phi_i^{(4)}(x_1)$，它对应于梁的右端。第一部分和第二部分以及第二部分和第三部分的耦合条件等价于方程（1.49）。第三部分和第四部分的耦合条件有以下形式：

$$\begin{gathered}\phi_i^{(3)}(L_M)=\phi_i^{(4)}(L_M)\\ \phi_i^{(3)\prime}(L_M)=\phi_i^{(4)\prime}(L_M)\\ \phi_i^{(3)\prime\prime}(L_M)=\phi_i^{(4)\prime\prime}(L_M)\\ \phi_i^{(3)\prime\prime\prime}(L_M)=\phi_i^{(4)\prime\prime\prime}(L_M)-\alpha\beta^4\phi_i^{(3)}(L_M)\\ \alpha=\frac{M}{mL}\end{gathered} \tag{1.56}$$

在满足边界条件的情况下，可得到一个由 16 个方程组成的齐次方程组，每个方程含有 16 个未知数：

$$\boldsymbol{\Lambda}=\begin{pmatrix}a_{1,1} & \cdots & a_{1,16}\\ \vdots & \ddots & \vdots\\ a_{16,1} & \cdots & a_{16,16}\end{pmatrix} \tag{1.57}$$

由于结构的相似性，此结构的函数 $G(x_1)$ 将等效于式（1.51）。

此外，在图 1.17~图 1.20 中，压电发电机主要性能特征与模型上验证质量（3g）位置的函数相关，如图 1.16 所示。为了便于结果分析，将质量的位置相对于基板的长度归一化。质量块位置的变化发生在压电单元末端与基板自由端之间的范围内。

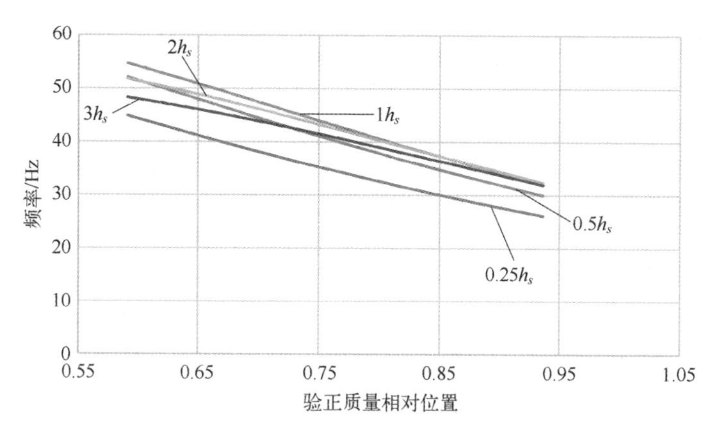

图 1.17　压电单元厚度不同时，第一阶固有频率与验证质量相对位置的关系

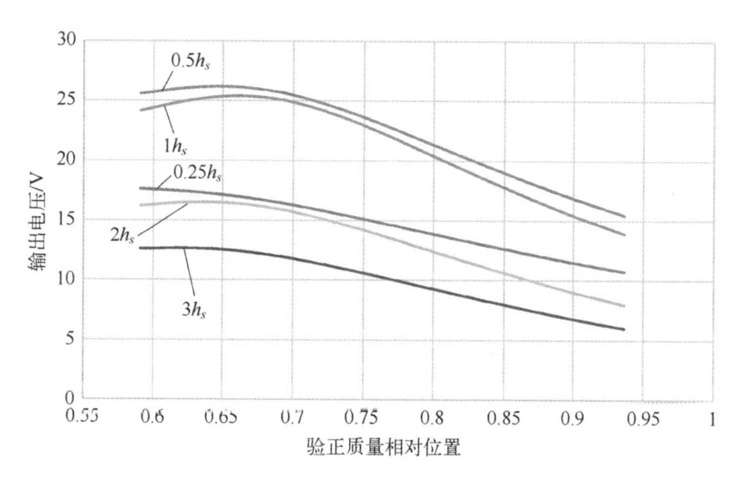

图 1.18　压电单元的厚度不同时，输出电压与验证质量相对位置的关系

从图 1.17~图 1.20 可以得出以下结论：

（1）验证质量离压电单元的末端越远，固有频率、输出电压和输出功率越低；

（2）压电单元厚度的变化对压电发电机的所有特性都具有非线性影响；

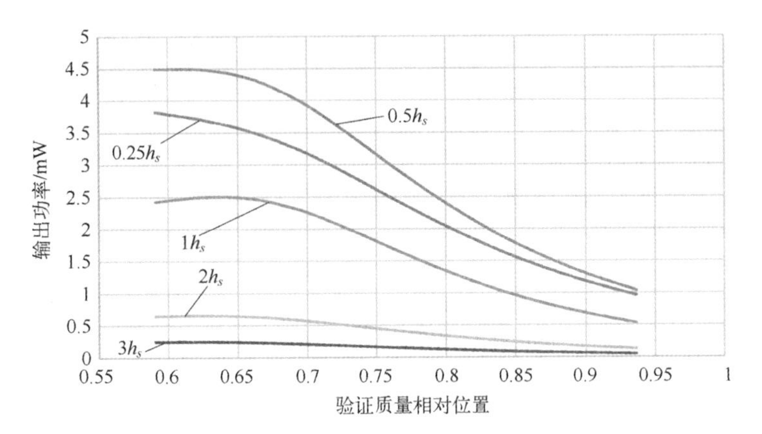

图 1.19 不同厚度压电单元的输出功率与验证质量的相对位置的关系

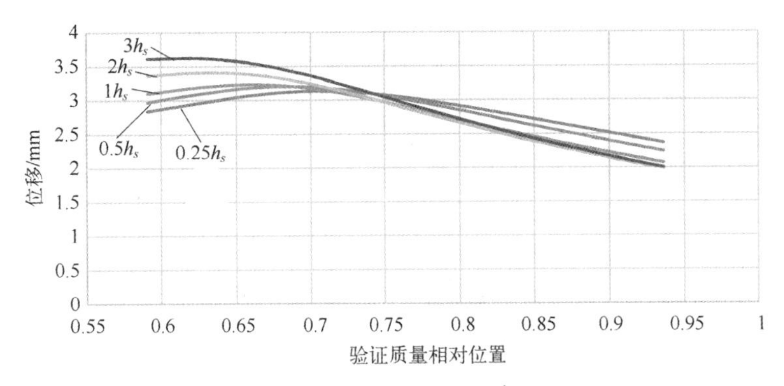

图 1.20 不同压电单元厚度下梁的自由端位移与验证质量相对位置的关系

(3) 当验证质量位于压电单元附近，且压电单元的厚度为基板厚度的一半时，输出电压和功率最大；

(4) 梁端位移与验证质量位置的关系受压电单元厚度的影响较大。压电单元越厚，验证质量在压电单元附近的位移越大，验证质量在梁末端附近的位移越小。

最后，研究了长度固定的压电单元在厚度不同时，其位置对压电发电机不同特性的影响。压电单元在基板上位置的主要参数是从固定端到压电单元起点的距离。

为了便于分析，对基板的长度进行了归一化。数值结果如图 1.21～图 1.24 所示。

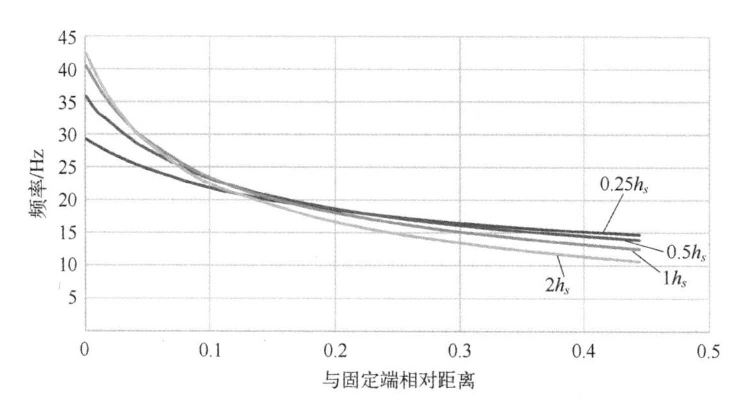

图 1.21　压电单元厚度不同时，第一固有频率与固定端相对距离的关系

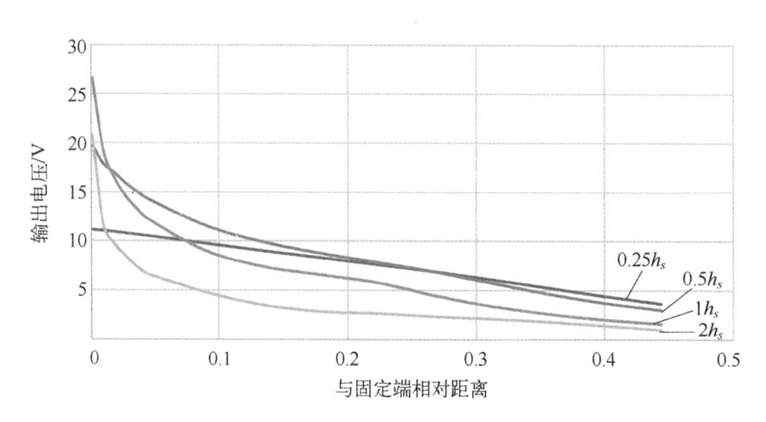

图 1.22　压电单元厚度不同时，输出电压与固定端相对距离的关系

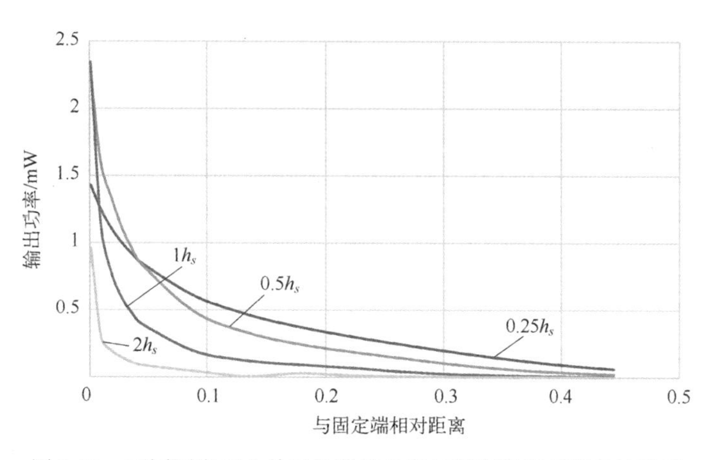

图 1.23　不同厚度压电单元的输出功率与固定端相对距离的关系

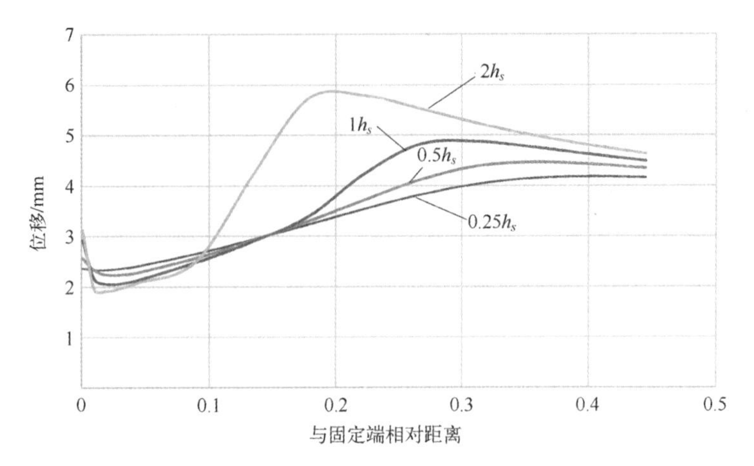

图 1.24　不同压电单元厚度下，梁的自由端位移与固定端相对距离的关系

对图 1.21～图 1.24 所示的相关性进行分析，可以得出以下结论：

（1）压电单元离固定端越近，固有频率、输出电压和输出功率越高；

（2）压电单元厚度的变化对压电发电机的所有特性具有非线性影响；

（3）当压电单元靠近固定端，且压电单元的厚度与基板的厚度相等时，其输出电压和功率最大；

（4）在不同厚度下，梁端位移与压电单元位置的相关性具有复杂的形状；从压电单元的某个位置开始，压电单元越厚，梁端的位移越大，在此之前可观察到不同的图像（图 1.25）。

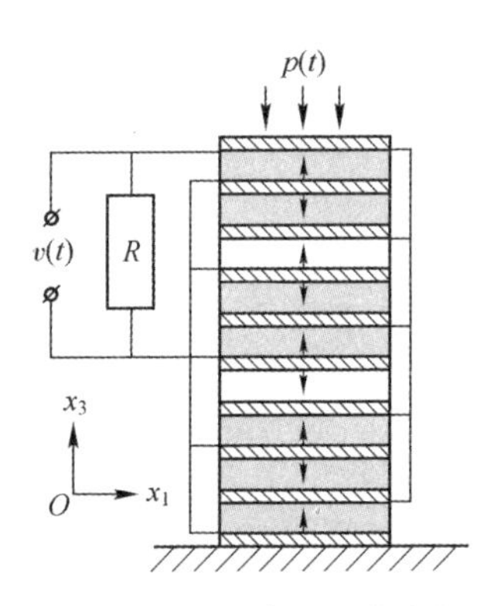

图 1.25　叠层式压电发电机

1.3 叠层式压电发电机的数学建模

1.3.1 叠层式压电发电机简介

图 1.25 所示的叠层式压电发电机的问题与悬臂式压电发电机类似。与悬臂型压电发电机不同的是，叠层式压电发电机的激励是沿 x_3坐标轴施加机械载荷 $p(t)$的。因此，悬臂式的方程式（1.9）~式（1.13）对于叠层式压电发电机保持不变。

为了简化问题，可将其视为杆受外力 $p(t)$沿 x_3激励的受迫纵向振动。为此，我们将位移向量 $\boldsymbol{u}$ 表示为如下形式：

$$\boldsymbol{u}=[0,0,w(x_3,t)]^{\mathrm{T}} \tag{1.58}$$

过渡到一维情况也简化了定义关系式（1.2）：

$$\begin{aligned}\sigma_{33}&=c_{33}^{E*}\varepsilon_{33}-e_{33}^{*}E_3\\ D_3&=e_{33}^{*}\varepsilon_{33}+\ni_{33}^{s*}E_3\end{aligned} \tag{1.59}$$

式中，材料常数表示为

$$c_{33}^{E*}=\frac{1}{s_{33}^{E}}\quad e_{33}^{*}=\frac{d_{33}}{s_{33}^{E}}\quad \ni_{33}^{s*}=\ni_{33}^{\mathrm{T}}-\frac{d_{33}^{2}}{s_{33}^{E}} \tag{1.60}$$

在压电发电机研究中，每个压电单元上的电极都作用于垂直于 x_3轴的长边，因此只考虑沿 x_3轴的电势分量。

假设压电单元足够薄，且内部没有自由电荷。我们引入了压电单元厚度上线性电场分布的假设：

$$\phi_3=\frac{v(t)}{h_p} \tag{1.61}$$

式中：$v(t)$为压电层上下电极之间的电位差；h_p为一层压电层的厚度。考虑到上面假设的所有假设，方程（1.11）采用以下形式：

$$\begin{aligned}\int_{t_1}^{t_2}\mathrm{d}t\Bigg\{\iiint_V\Bigg[&\left(-c_{33}^{E*}\frac{\partial w(x_3,t)}{\partial x_3}+e_{33}^{*}\frac{v(t)}{h_p}\right)\delta\left(\frac{\partial w(x_3,t)}{\partial x_3}\right)\\ &+\left(\frac{e_{33}^{*}}{h_p}\frac{\partial w(x_3,t)}{\partial x_3}+\ni_{33}^{s*}\frac{v(t)}{h_p^{2}}\right)\delta v(t)-\rho\ddot{w}(x_3,t)\delta w(x_3,t)\Bigg]\mathrm{d}V\\ &+\iint_S\left(p_3\delta w(x_3,t)+\frac{\sigma x_3}{h_p}\delta v(t)\right)\mathrm{d}S\Bigg\}=0\end{aligned} \tag{1.62}$$

为了分析这一问题，使用 Kantorovich 方法也很简便，这是之前悬臂式压电发电机使用的方法。我们用级数展开的形式表示杆的位移：

$$w(x_3,t)=\sum_{i=1}^{N}\eta_i(t)\varphi_i(x_3) \tag{1.63}$$

式中：N 为所考虑的模态数；$\eta_i(t)$ 为未知的广义坐标；$\varphi_i(x_3)$ 为已知的满足边界条件的试函数。

与悬臂式压电发电机类似，我们得到一个微分方程组。该系统描述了连接到电阻器的叠层式压电发电机对外部机械力激励的电和机械响应：

$$\boldsymbol{M}\ddot{\boldsymbol{\eta}}(t)+\boldsymbol{D}\dot{\boldsymbol{\eta}}(t)+\boldsymbol{K}\boldsymbol{\eta}(t)-\boldsymbol{\Theta}v(t)=\boldsymbol{p}$$

$$C_f\dot{v}(t)+\boldsymbol{\Theta}^{\mathrm{T}}\dot{\boldsymbol{\eta}}(t)+\frac{v(t)}{R}=0 \tag{1.64}$$

得到的方程组与式（1.21）方程组是等价的，但各变量的系数不同：

$$p_i=-p_0\varphi_i(x_3)$$

$$C_{Пэ}=N\frac{b_p l_p}{h_p}э_{33}^{s*}\quad \theta_i=\int_0^H J_p\varphi_i'(x_3)\mathrm{d}x_3$$

$$M_{ij}=\int_0^H m\varphi_i(x_3)\varphi_j(x_3)\mathrm{d}x_3\,Y=\iint_{S_p}^{0}c_{33}^{E*}\mathrm{d}S$$

$$K_{ij}=\int_0^H Y\varphi_i'(x_3)\varphi_j'(x_3)\mathrm{d}x_3\,J_p=\iint_{S_p}^{0}\frac{e_{33}^{*}}{h_p}\mathrm{d}S \tag{1.65}$$

现在我们来寻找满足边界条件的试函数。由于方程组（1.64）等效于方程组（1.21），所以谐波情况的解将与方程（1.23）的解相同。

在实际工况中，激励力 $p(t)$ 的形状复杂。因此，用可以定义任意形式函数方法——傅里叶级数近似。为此，用一组离散值表示 $p(t)$，然后用傅里叶级数进行插值：

$$p(t)\approx m_0+\sum_{k=1}^{N}\left[m_k\cos\left(k\frac{2\pi t}{T}\right)+n_k\sin\left(k\frac{2\pi t}{T}\right)\right] \tag{1.66}$$

式中：m_0为平均值；T 为加载时间范围；n_k、m_k为傅里叶系数。

$$m_0=\frac{1}{T}\int_0^T p(t)\mathrm{d}t\qquad m_k=\frac{2}{T}\int_0^T p(t)\cos\left(k\frac{2\pi t}{T}\right)\mathrm{d}t$$

$$n_k=\frac{2}{T}\int_0^T p(t)\sin\left(k\frac{2\pi t}{T}\right)\mathrm{d}t \tag{1.67}$$

此外，将式（1.66）代入式（1.64）。得到一个微分方程组，其显式解有问题。因此，将使用龙格-库塔（Runge-Kutta）数值方法来解决。

1.3.2 数值实验

使用 Kantorovich 方法找到满足边界条件的（对我们来说，是机械的）试验函数。为此，我们解决了图 1.25 所示杆的纵向振动的特征值问题。

以一般形式写出纵向振动方程的解：

$$\phi_i(x_3)=a_{1,i}\sin(\beta_i x_3)+a_{2,i}\cos(\beta_i x_3) \tag{1.68}$$

满足边界条件：

$$\varphi_i(0)=0\phi_i'(H)=0 \tag{1.69}$$

可以得到特征值 β_i 和系数 a_i。

在此之后，得到了具有 4 个未知数的 4 个方程的齐次方程组。写成矩阵形式为

$$\boldsymbol{\Lambda}=\begin{pmatrix} a_{1,1} & \cdots & a_{1,4} \\ \vdots & \ddots & \vdots \\ a_{4,1} & \cdots & a_{4,4} \end{pmatrix}=0 \tag{1.70}$$

当其行列式为零时，该方程组具有非零解。方程组的行列式是最简单的三角方程：

$$\cos\beta_i=0 \tag{1.71}$$

已知 β_i，可以求出所需振动模态阶数 N 的因子 a_i。

由于这种压电发电机类型的固有频率很高，因此其通常用于远低于一阶固有频率的频率。此外，它在高机械载荷下工作的能力，使其即使在低频率下也能获得足够高的输出电压值。

下面来研究如图 1.25 所示的叠层式压电发电机。假设它由 PZT-19 压电陶瓷制成的环形压电单元组成，并且这组单元在连接螺栓之间被拧紧。因此，横截面如图 1.26 所示。

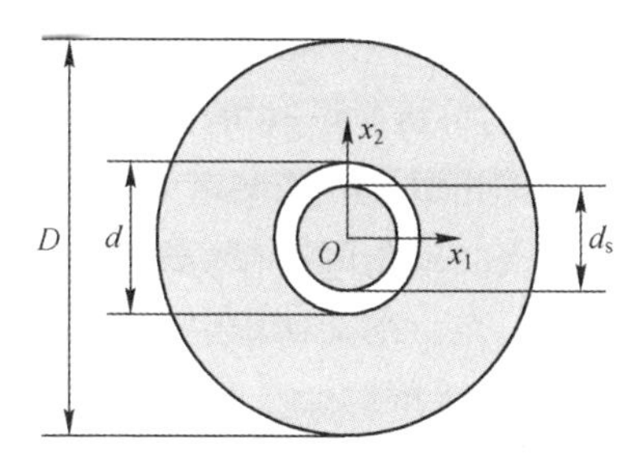

图 1.26 叠层式压电发电机的横截面

考虑到金属芯（连接螺栓）在压电发电机横截面中的影响，将 Y 部分的刚度表示如下：

$$Y = \iint_{S_p} c_{33}^{E*}\,\mathrm{d}S + \iint_{S_s} C_s\,\mathrm{d}S \tag{1.72}$$

式中：S_s 为螺栓的横截面面积；C_s 为钢的弹性模量。该压电发电机将被载荷激励，其形状如图 1.27 所示。所研究的发电机模型的主要几何和物理特性如表 1.2 所示。模态阻尼系数与悬臂式压电发电机相同。在建立的模型框架内，进行了大量的数值实验。研究了不同参数对叠层式压电发电机特性的影响。结果如图 1.28~图 1.31 所示。

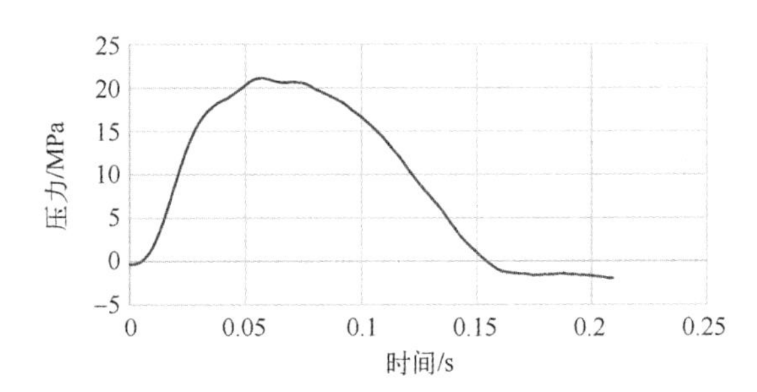

图 1.27　加载力随时间变化的曲线

表 1.2　压电发电机参数

参　　数	连接螺栓	压电单元
几何尺寸（$D\times d\times h$）	6mm	18mm×8mm×1mm
密度（ρ）	7800kg/m^3	7500kg/m^3
弹性模量和泊松比（E，ν）	210GPa 和 0.3	—
弹性柔量（s_{33}^E）	—	17.5×10^{-12}Pa
相对介电常数（$\varepsilon_{33}^E/\varepsilon_0$）	—	1500
压电模块（d_{33}）	—	−307pC/N

通过对图 1.28~图 1.31 的分析，可以得出以下结论。

(1) 随着层数的增加，输出电压和功率增大；

(2) 随着圆盘外径的增大，输出电压和功率增大到一定值，然后减小；

(3) 随着层高的增加，输出电压和功率增大；

(4) 在整个压电封装的总高度固定的情况下（每层的高度取决于总层数），有一个输出特性最大的层数值。

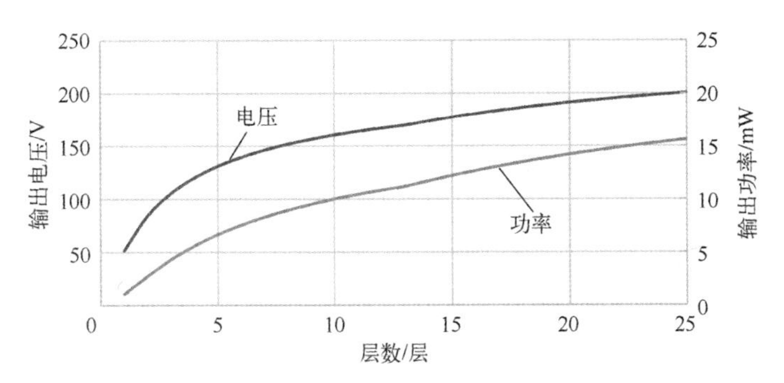

图 1.28　叠层式压电发电机输出电压和输出功率随层数变化的曲线

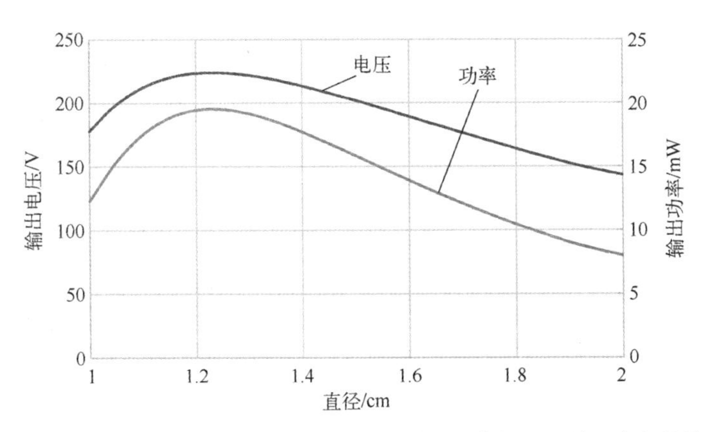

图 1.29　叠层式压电发电机的输出电压和输出功率与压电单元直径的关系

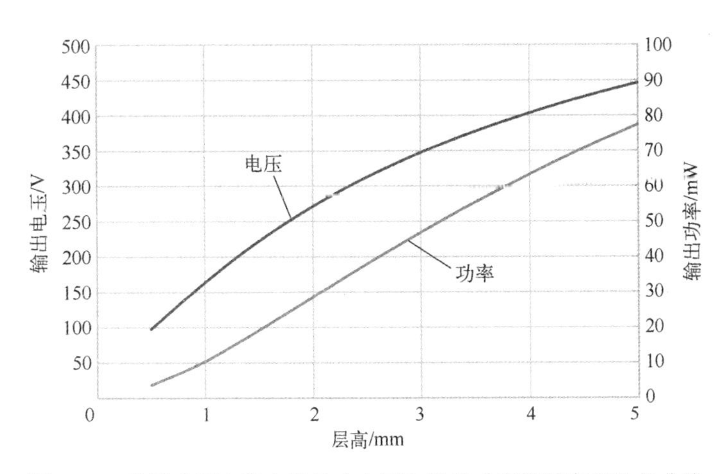

图 1.30　叠层式压电发电机输出电压和输出功率随层高变化的曲线

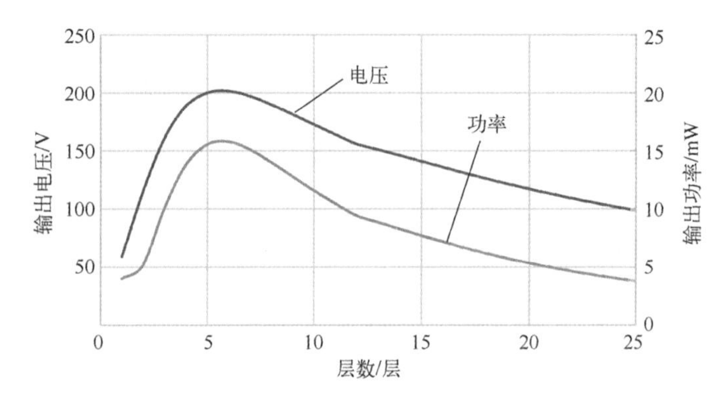

图 1.31　叠层式压电发电机的输出电压和输出功率随层数变化的曲线，前提是总的高度不变

第2章 压电发电机的实验建模

2.1 悬臂式发电机

本节不仅介绍了一个实验，以确定悬臂式压电发电机实验室试样的性能；还介绍了实验装置、实验步骤和实验数据。此外，将第1章描述的数学模型的结果与实验中得到的数据进行了比较。

2.1.1 实验装置和试样说明

在不同激励频率下，压电发电机的输出电压由专门设计的实验台确定[14]。机械激励是通过压电发电机固定端的谐波运动来实现的。在固有频率下，测量电阻在不同加载时的输出电压。

实验装置（图2.1）包括工作台（5）上的电磁振动器 VEB Robotron 11077（6），其上有悬臂压电发电机、机械运动的光学线性传感器（7）、光学传感器控制器（8）、夹具（4）表面上的加速度传感器（9）、加速度传感器控制器（10）、L-Card 的 ADC/DAC E14-440D 外部模块（11）、最大功率50W 功率放大器 LV-102（12）、功能信号发生器 AFG 3022B Tektronix（13）、计算机（14）和加载电阻（R）。

本实验研究了对机械加载的电响应，其输出电压作用于加载电阻器 R 上的 ADC 输入端。光学传感器在与表面不接触的情况下，测量被监测表面的机械运动。光学传感器的匹配装置是其控制器。台面的加速度由 ADXL-103 加速度传感器测量。

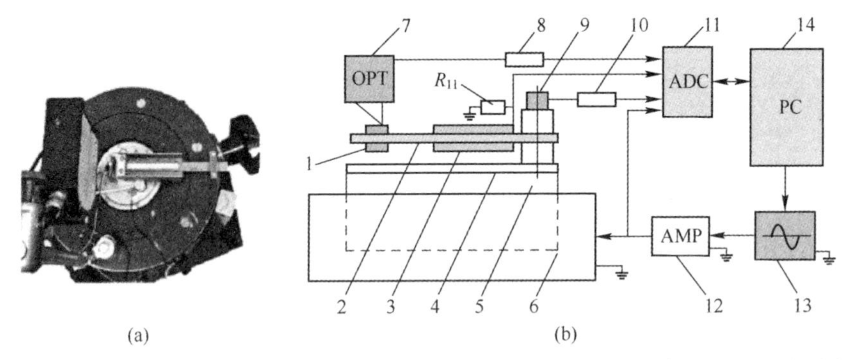

1—质量块；2—PEG基板；3—双压电晶片；4—压电发生器底座；5—振动台的工作台；6—振动台；7—光学线性传感器；8—光学传感器控制器；9—加速度传感器；10—加速度传感器匹配装置；11—ADC/DAC外部模块；12—功率放大器；13—信号发生器；14—计算机；R—电阻。

图 2.1 测量装置总图

(a) 装置照片；(b) 框图。

悬臂压电发电机的实验试样是用玻璃纤维作为基材制作的（图 2.1）。基板的尺寸（长、厚、宽）为 108mm×10mm×1mm。尺寸为 56mm×6mm×0.5mm 的压电单元用 PCR-7M 陶瓷（压电常数 d_{31} = 350pC/N）制成并按照双压电晶片结构连接，与基板的两侧黏合。验证质量为 3g。它的初始位置在梁的自由端。

2.1.2 实验

该实验的目的是研究在不同离散电阻值下，验证质量的位置对压电发电机输出特性的影响。

验证质量相对于固定端的位置为 65~103mm 不等。首先，确定验证质量的位置；然后，通过扫描激励信号的频率，找到弯曲振动的固有频率；接下来，在不同的电阻值下测量输出电压；最后，改变验证质量的位置，整个过程又从第一步开始。实验结果如图 2.2~图 2.4 所示。

图 2.2 所示为一阶固有频率与验证质量位置的关系图。随着验证质量和固定端之间距离的增加，梁的弯曲振动的一阶固有频率降低。

图 2.3 显示了相对于固定端不同位置的验证质量的电阻与输出电压的关系。可以得出以下结论：首先，随着电阻的增大，输出电压也随之增大；其次，当从验证质量的中心到夹紧点的距离增加时，输出电压减小为一个固定的电阻值。

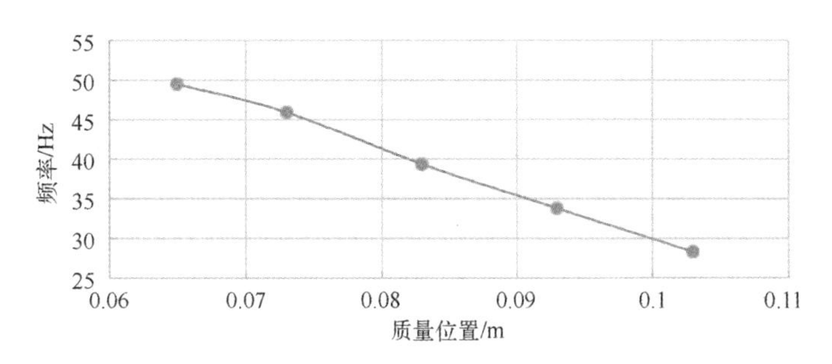

图 2.2 一阶固有频率与验证质量位置的关系

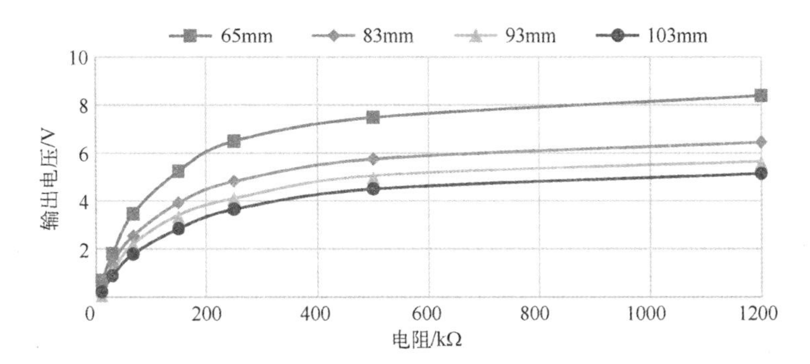

图 2.3 验证质量在不同位置时，输出电压与电阻的关系

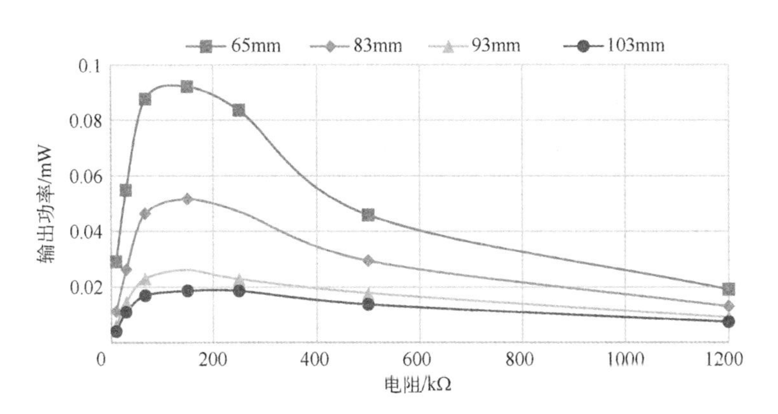

图 2.4 验证质量在不同位置时，输出功率与电阻的关系

从图 2.4 可以看出，在验证质量相对于固定端的位置不同时，输出功率与电阻的关系。由此可以看出，在验证质量的每个位置，输出功率都有一个最大值。此外，对于固定的电阻值，输出功率随着固定端和验证质量之间距离的增加而减小，与输出电压一样。

2.1.3 理论与实验比较

利用实验中获得的数据，我们将这些结果与基于第1章模型的理论计算结果进行了比较。实验与理论计算得到的对比图见图2.5~图2.7。

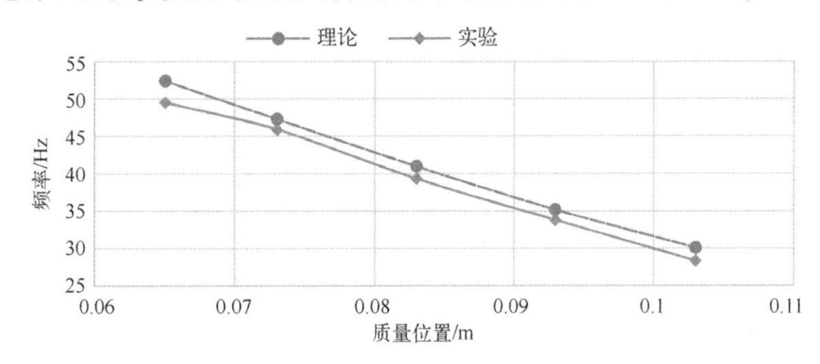

图2.5 一阶固有频率与验证质量位置的关系：t—理论（虚线）和e—实验（实线）

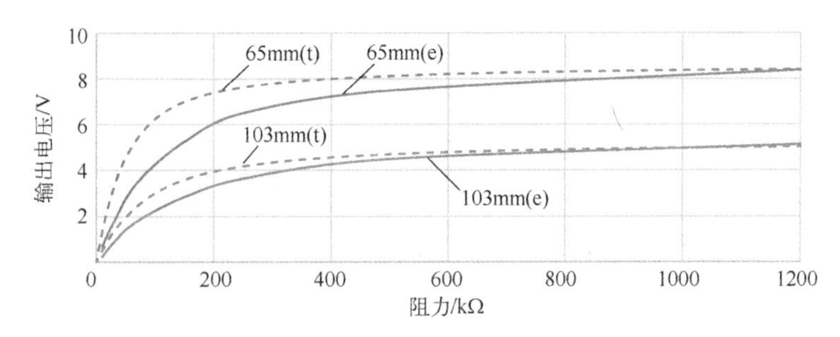

图2.6 验证质量在不同位置时，输出电压与电阻的关系：
t—理论（虚线）和e—实验（实线）

图2.5中比较了理论和实验的一阶固有频率与验证质量位置的关系，可以看出该模型与实验表现出良好的收敛性。误差不超过5%。

图2.6显示了输出电压的实验值和计算值之间的差异，表明计算数据与实验数据非常接近。算术平均误差为18%。实验和理论之间的这种差异是由于压电单元的计算和实际容量之间的差异引起的，这是由许多生产因素决定的。

2.2 叠层式发电机

本节介绍了确定叠层式压电发电机输出性能的实验。研究了三种类型的载荷：谐波、脉冲和准静态。介绍了每种加载方式的实验设置、实验步骤和实验结果。并与理论计算结果进行了比较。

2.2.1　谐波加载

1. 实验设置和试样说明

实验台结构图如图 2.7 所示。试样的机械载荷由装置的加载模块执行，该加载模块由带偏心致动器齿轮箱的电动机和曲柄机构组成。采用计算机控制的变频器 VFD004L21A 来调节发动机转速。该实验台包括带有减速电机的加载模块、应变测力计、应变计放大器、测量 ADC/DAC 的电压转换器、电阻 R、分压器、指定机械谐波加载频率的变频器和计算机。实验台及其部件的照片如图 2.8（a）所示。

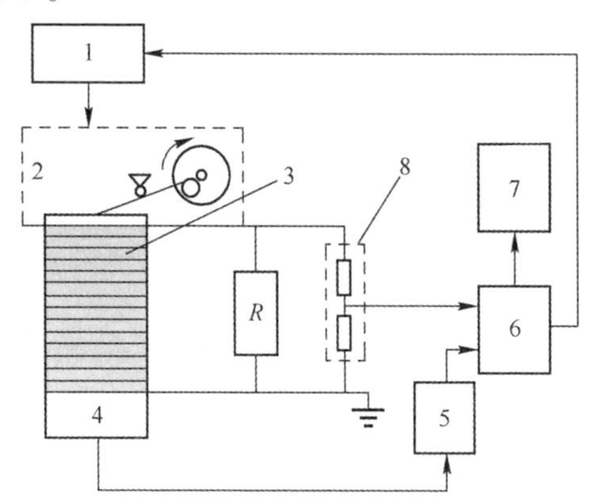

1—指定机械谐波加载频率的变频器VFD004L21A；2—加载模块；3—压电发电机试样；4—张力计；5—应变计放大器；6—ADC/DAC；7—计算机；8—分压器。

图 2.7　实验台结构图

实验室装置在谐波激励下，对所研究的压电发电机试样[57]进行机械低频加载。激励可以在程序和手动模式下对力的大小和频率分量进行控制，以及对冲击和响应的输入和输出参数进行记录。图 2.8（b）为加载模块工作的运动示意图。

转换器包括电压测量 ADC/DAC E14-140 和 Power Graph 软件，用来测量来自张力仪和压电发电机的电信号，以及处理模拟和数字信息。

在实验台上测定了不同加载频率（0.3~4.0Hz）下压电发电机的输出电压。压电发电机的机械载荷是在振幅为 0.1~5.0kN 的压缩谐波力作用下实现的。用张力仪确定的每个机械力周期，记录了机械力大小的以及负载电阻 R 的离散值（1kΩ~50MΩ）的时间。

1—螺栓；2—固定导线；3—压电发电机；4—测力计；5—动力柱；6—带可移动导线的导向筒；7—变频器；8—应变仪；9—ADC/DAC转换器；10—支架；11—底座；12—偏心；13—带连杆的圆盘；14—减速器；15—电机。

(a)

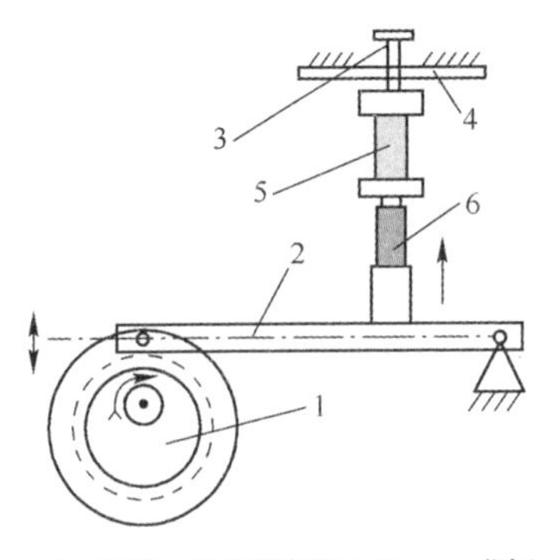

1—电机、减速器和偏心盘；2—曲柄机构；3—夹紧丝杠；4—横动装置；5—压电电机；6—张力仪。

(b)

图 2.8 实验台

（a）确定叠层式压电发电机特性的实验室实验台照片；（b）装置的运动学方案。

2. 实验

本实验研究了横截面尺寸为 24mm×16mm 和不同高度（36mm 和 21mm）的多层柱状压电发电机。多层压电发电机由压电陶瓷制成，以厚度为 0.5mm 的压电陶瓷 PZT-19M 为基板，电极作用于压电发电机的外表面且并联连接。采用传统陶瓷技术烧结，压电单元在高度 $d_{33}=360\text{pC/N}$ 上极化。图 2.9 为其中一个被测压电发电机试样。

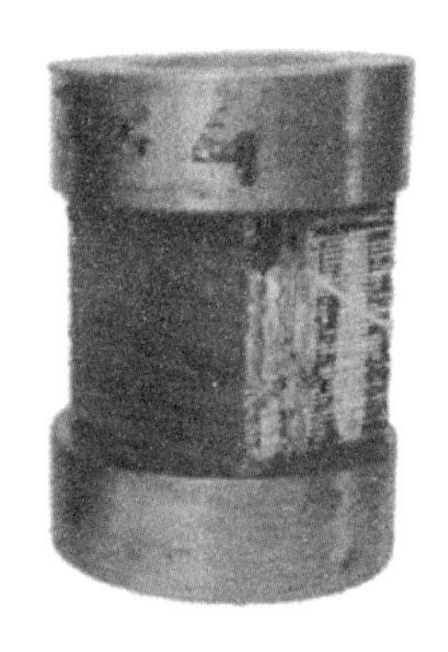

图 2.9 柱状压电发电机的实验样本

基于 24mm×16mm×36mm 压电发电机试样的实验数据，在机械载荷最大（3.4kN）时，得到了输出电压与不同电阻值下谐波机械载荷频率的关系曲线（图 2.10）。

如图 2.11 所示，在加载频率为 4Hz，加载电阻为 1.2MΩ 时，输出电压达到最大值 22.5V。在 4Hz 以下的频率范围内，加载电阻不大于 15kΩ 时，电压与加载电阻的关系几乎呈线性关系。

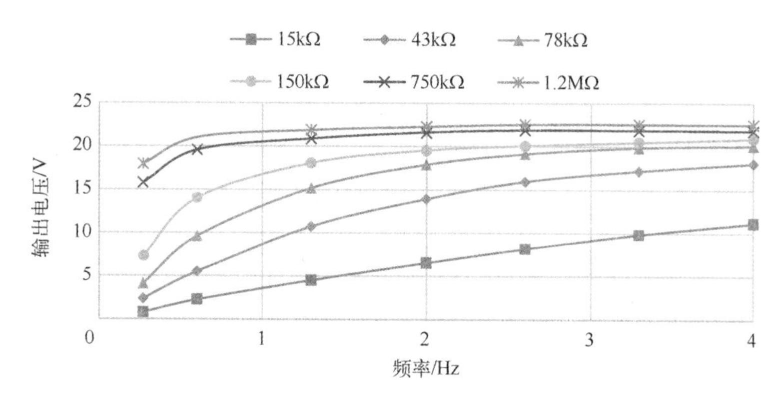

图 2.10　尺寸为 24mm×16mm×36mm 的发电机，输出电压与不同电阻值下谐波机械载荷频率的关系

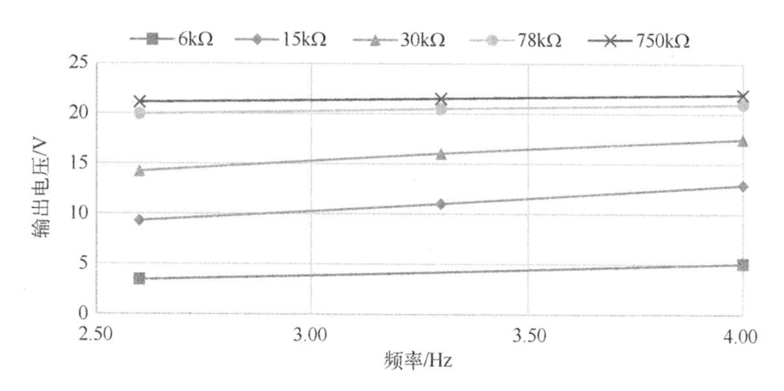

图 2.11　尺寸为 24mm×16mm×21mm 的发电机输出电压与不同电阻值下谐波机械加载频率的关系

此外，基于测量的输出电压峰值和对应的电阻 R 值的结果，压电发电机的最大输出功率为 3mW。

对尺寸为 24mm×16mm×21mm 的压电发电机进行了类似的测量，频率为 2.6Hz、3.3Hz 和 4.0Hz，负载电阻为 6~750kΩ。

从图 2.11 中的相关性分析可以得出，当电阻增加到 78kΩ 时，输出电压会增加。然而，在此阻值之后，输出电压略有增加。电阻为 750kΩ 时，实验期间获得的输出电压最大值为 22V。

3. 理论与实验比较

本小节对高度为 21mm 和 36mm 的压电发电机的数据进行了比较，并与第

1 章所述的基于该模型的理论计算结果进行了对比。当频率为 4Hz 时这些相关性的曲线图如图 2. 12 所示。

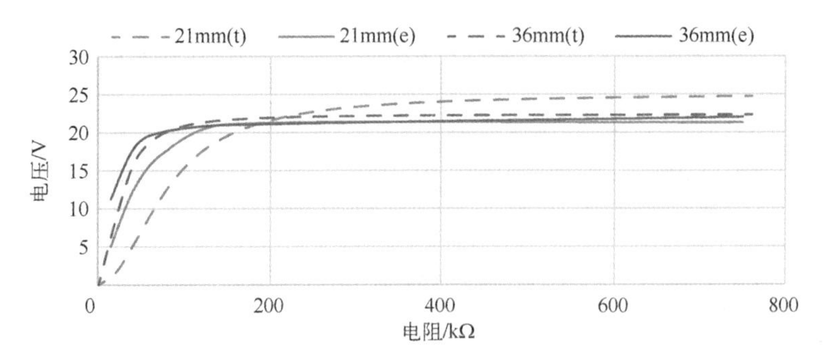

图 2. 12　高度为 21mm 和 36mm 的压电发电机在频率为 4Hz 的谐波加载下的计算（理论）和实验数据对比：t—理论（虚线），e—实验（实线）

由图 2. 12 所示的实验结果与理论结果对比分析可知，对于 36mm 高度的压电发电机，实验数据与理论数据的差值不超过 6%。对于 21mm 高度的压电发电机，差值为 16%，这是由于其生产过程中使用了一种改良过的陶瓷成分，目前还没有一套完整的材料常数。

2. 2. 2　脉冲加载

叠层式压电发电机的下一种加载方式是脉冲加载。与前一种一样，这种加载方式经常出现在各种设计和技术中。特别地，这种载荷是铁路运输或公路中钢轨振动的特征。由于缺乏用于低频脉冲加载的叠层式压电发电机研究的标准实验装置，因此有必要创建非标准化的测量仪器，即脉冲压电发电机加载的测试台[57]。

1. 测试装置和试样说明

研究两种环形压电发电机：第一种压电发电机由 11 个并联的圆盘形压电单元组成，每个压电单元的厚度为 1mm；第二种压电发电机由 16 个厚度为 2mm 的单元组成。两个压电发电机中环的内径和外径分别为 18mm 和 8mm。同时，每个压电单元的厚度都被极化（$d_{33}=360$pC/N），压电发电机材料使用压电陶瓷 PZT-19。第一个实验压电发电机的电容为 20. 22nF，第二个压电发电机的电容为 21. 3nF。试样如图 2. 13 所示。

图 2.13　环形截面的压电发电机实验试样

(a) 21mm 高的压电发电机；(b) 36mm 高的压电发电机。

该装置在手动模式下对压电发电机进行机械低频脉冲加载，手动控制力的振幅和频率分量，并记录冲击和响应的输入和输出参数。该装置的结构和工作原理类似于产生谐波载荷的装置（图 2.7），主要区别在于支架的设计。

图 2.14（a）为实验室装置加载模块的照片。此装置与谐波加载装置之间的主要区别在于加载模块的功能。图 2.14（b）中运动学方案可以说明这一点。

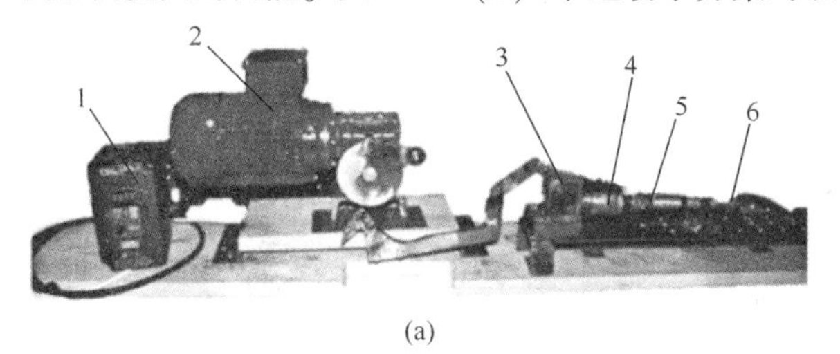

(a)

1—变频器；2—带变速箱、偏心盘和连杆的发动机；3—压缩力变化的杠杆倍增器，转换因子为50；4—压电发电机测试试样；5—张力仪；6—压电发电机安装支架。

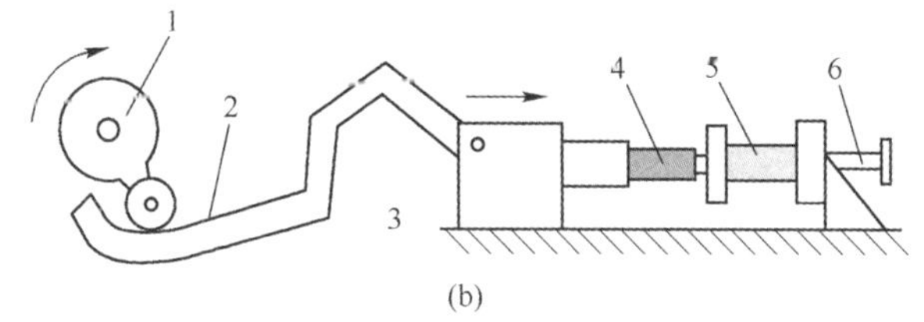

(b)

1—电动机、齿轮箱和偏心盘；2—杠杆；3—转换模式；4—压电发电机；5—张力仪；6—夹紧螺钉。

图 2.14　脉冲加载的装置

(a) 用于确定叠层式压电发电机特性的实验室测试台照片；(b) 加载模块的运动示意图。

实验的程序与 2.2.1 节中的谐波加载方法类似。压电发电机的机械循环加载是通过振幅为 1~4kN 的压缩脉冲力进行的。对于压缩力的每个周期（用测力计确定），记录了负载电阻 R 为 10kΩ~22.8MΩ 不同离散值的压缩力大小和输出电压时间的关系。

2. 实验

根据所描述的用于测量叠层型压电发电机的输出特性的方法，测试了高度为 11mm 的压电发电机的输出电压与时间的关系。输出电压是在振幅为 17.2MPa（3kN）和不同电阻 R 值的轴向脉冲加载下获得的。图 2.15 显示了测力仪输出电压与时间的关系，对应于 3kN 的压缩力（曲线 4）和多层压电发电机的 R=0.374MΩ、2.572MΩ 和 22.77MΩ（曲线 1、2、3）的压电响应。

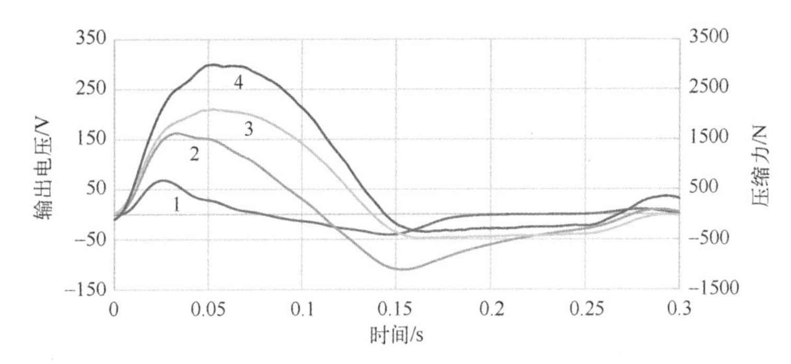

图 2.15　高度为 11mm 的压电发电机试样的压缩力和输出电压随时间变化的关系

图 2.15 为当 R 增大时，加载电阻对压电响应形式与力的关系曲线。由图 2.16 可知，当 R=22.77MΩ 时，压缩力和输出电压的幅值在 t=0.05s 时同时达到最大值。

对于高度为 36mm 的压电发电机样品，在 3kN 力和不同电阻 R 值下，测试了输出电压与机械加载频率的关系。

如图 2.16（实线）所示，压电发电机的输出电压随着加载频率的增加而单调增加，并且在加载电阻为 68~500kΩ 时呈现几乎线性的趋势。当加载为 500kΩ 时，最大输出电压为 327V。输出功率的峰值（虚线）是根据输出电压的测量值计算出来的。

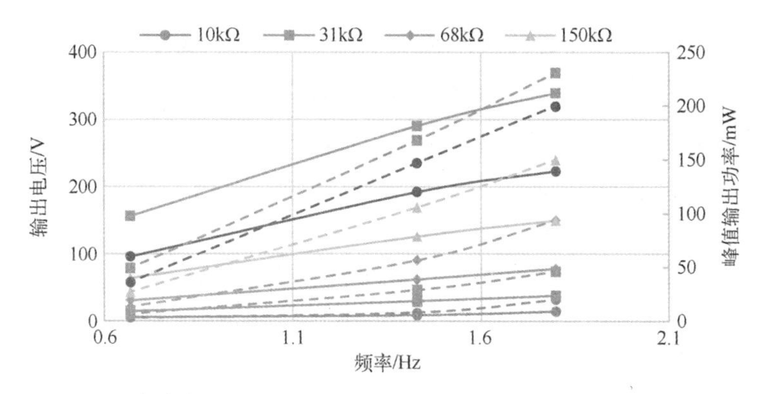

图 2.16　高度为 36mm 的环形压电发电机的加载频率与不同电阻值的输出电压（实线）和输出电功率（虚线）的关系

3. 理论与实验比较

在第 1 章中，为高度为 11mm 的压电发电机（本节中所用）构建了数学模型，并得到了载荷曲线为任意形状时的解。在本节中，我们以实验的初始数据和加载力的形式为基础，对实验数据和理论计算进行了比较。

如图 2.17 所示，所建立模型的理论计算结果与实验数据吻合较好。算术平均误差不超过 7%。

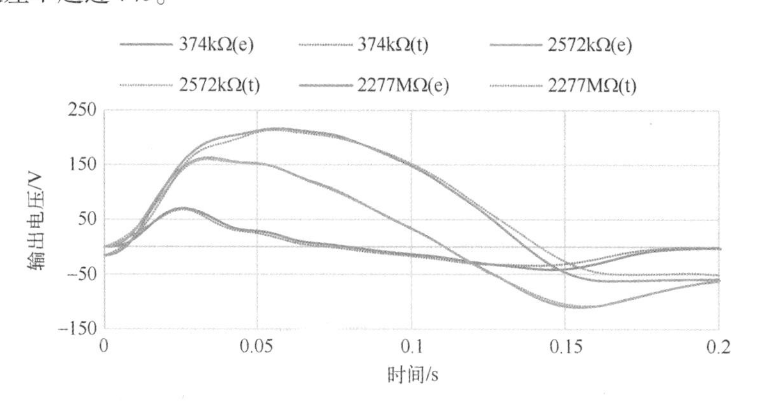

图 2.17　11mm 高度压电发电机的计算和实验数据对比：t—理论（虚线），e—实验（实线）

2.2.3　准静态加载

准静态加载是指不考虑惯性的加载。时间和重量可以忽略不计。在能量收集领域，这种加载对于集成压电发电机的结构很有意义，除了动态加载，还存在准静态加载。因此，评估在准静态载荷下工作的压电发电机的输出特性，也具有重要的现实意义。

1. 测试装置和试样说明

在实验的第一阶段，用不属于实验台的测量仪器，确定了压电发电机的参数：①线性尺寸（使用线性量的标准米）；②电容 C（使用阻抗计 MNIPI E7-20）；③压电陶瓷 d_{33} 在频率为 110Hz 的准静态模态下测量（使用压电陶瓷 d_{33} 仪表 YE 2730A）。

在标准的 MI-40KU 试验机上，在 0.9~4.3kN/s 的加载速率下，本实验进一步测量了压电发电机在准静态模态下的特性，利用 ADC E-14-140M 对实验数据进行了记录和处理。作用在压电发电机上的加载力的大小用测力计记录，在内置于测试机中并与被测发电机并行的负载电阻处记录电压值（图 2.18）。

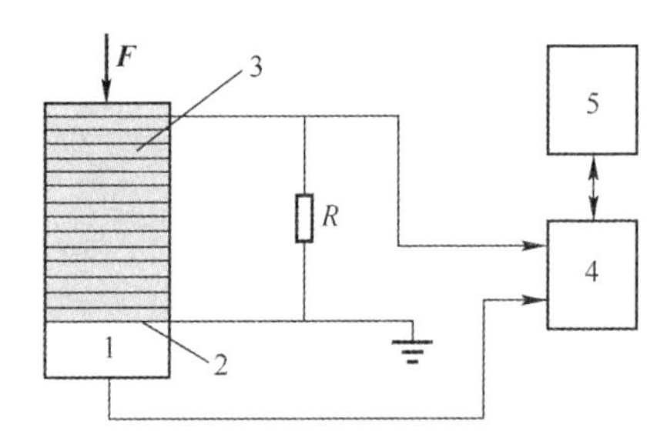

1—测力仪；2—金属覆盖层；3—压电单元；4—ADC模块；5—计算机；R—电阻。

图 2.18 实验台结构图

2. 实验

测试了截面尺寸为 24mm×16mm 和高度分别为 36mm、21mm 和 10mm 的柱状多层压电发电机。多层压电发电机由压电单元制成，基板为压电陶瓷 PZT-19M，厚度为 0.5mm，其电极应用于压电发电机的外表面并并联连接。采用传统陶瓷技术烧结，压电单元沿高度极化（d_{33}=360pC/N）。

按照固定电阻 R 和机械加载速度分别为 0.9kN/s、1.9kN/s、3.47kN/s 和 4.3kN/s 的实验进度表，记录了压电发电机的输出电压值。图 2.19 用实线表示了所构建的电压图。

如图 2. 19 所示，对于容量为 1428nF 的压电发电机模型，在加载速度为 4. 4kN/s 时，最大输出电压达到 220V。此外，我们还可以明确地得出结论，在准静态加载情况下，压电发电机的电容越大，其输出电压越大。

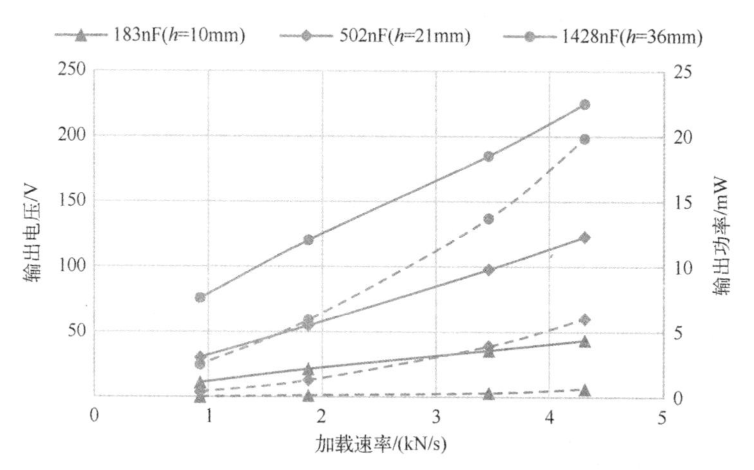

图 2. 19 不同容量压电发电机的发电机输出电压（实线）和输出功率（虚线）与机械加载速度的关系：26mm×16mm×36mm 容量为 1428nF、24mm×16mm×21mm 容量为 502nF、24mm×16mm×10mm 容量为 183nF。

根据测得的压电发电机输出电压峰值和相应的电阻 R 值，计算出输出功率。图 2. 19 中用虚线表示了功率与机械加载速率之间的关系。

2. 3 结　　论

本章通过一系列实验研究了两种类型压电发电机在不同载荷条件下的输出性能。

对于悬臂式压电发电机，只考虑了谐波载荷，并与数值实验进行了比较。结果如下。

计算得到的固有频率和实验得到的固有频率之间的误差不超过 5%。实验与测量输出电压计算的差值为 18%。这种变化是由于压电单元的计算电容和实际电容之间的差异造成的。然而，得到的结果与实验数据定性一致。

对于叠层式压电发电机，研究了三种加载方式：谐波、脉冲和准静态。

并与数值实验进行了比较。因此，其中一个试样在谐波加载时，实验数据与计算数据的差值不超过 6%。而对于其他试样，差异为 16%，这是由于生产过程中使用了一种改良过的陶瓷成分。目前，这种材料还没有一套完整的材料常数。然而，即使有这样的误差，我们也能注意到结果的定性相似性。在脉冲加载的情况下，算术平均误差不超过 7%。

第3章

挠曲电效应的数学建模

为了研究挠曲电效应，选用了中心有验证质量的压电单元的三点激励模型。这种类型的激励占据了悬臂式和叠层式压电发电机之间的“中间”位置。验证质量沿板中心的轴向作用导致弹性偏转（图 3.1），这会导致上部近电极层的压缩和下部近电极层的拉伸，以及产生（或修改现有的固定梯度）逆向梯度变形。

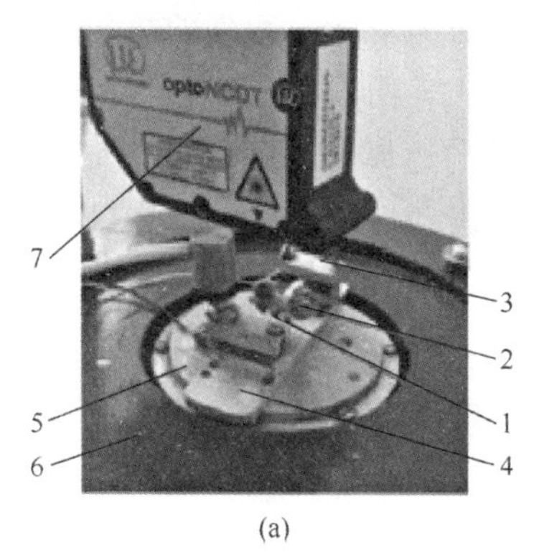

(a)

1—压电板；2—验证质量；3—第一固定点；4—压电发生器底座；5—振动器工作台；6—电磁振动器；7—线性位移光学传感器。

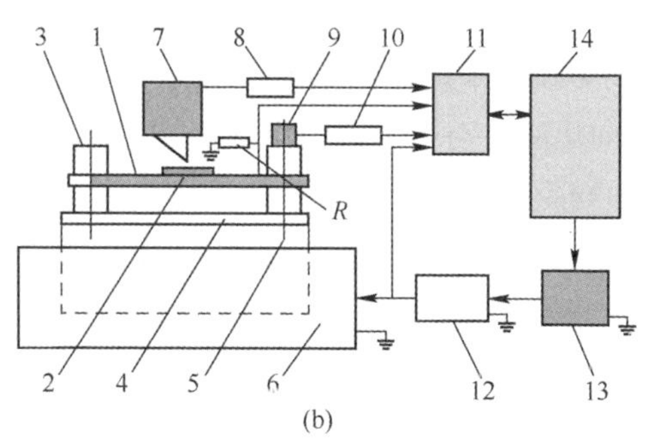

(b)

1—待测试样；2—验证质量；3—第一固定点；4—安装座；5—振动台的移动台；6—电磁振动台VEBRobotron 11077；7—光学线性传感器；8—光学传感器控制器；9—加速度传感器ADX 103（第二固定点）；10—加速度传感器匹配装置；11—ADC/DAC E14-440D的外部模块；12—功率放大器；13—功能信号发生器；14—计算机；*R*—加载电阻。

图 3.1 （a）测量装置总图；（b）其结构方案。

Mashkevich 和 Tolpygo [103,168] 首先提出了在应变梯度作用下发生极化的可能性，最早得到了金刚石结构声波中极化振幅与变形梯度之间关系的数学表达式。描述该种现象的第一步是由 Kogan[84] 完成的。Indenbom、Loginov 和 Osipov[79] 研究了文献［84］中提出的方案框架内描述的一些对称性问题。在同一项工作中，还尝试从微观上描述静态应变梯度情况下的挠曲电效应。Zheludev [185] 对这种效应进行了实验研究。极化和应变梯度之间的比例系数的实验获得值比粗略的理论估计值大四个数量级。

本章的写作目的是用三点弯曲方案模拟机械载荷对非极化铁电陶瓷板电响应可能性的影响。

3.1 非极化陶瓷输出电压的研究

3.1.1 研究样本和实验程序

本研究使用了四批规格为 50mm×4mm×0.7mm 的 PZT-19 陶瓷板。银电极作用于大的表面上。在使用电极之前，第 2~4 批试样分别在使用粒度分别为 5μm、10μm 和 20μm 的研磨粉对其中一侧进行加工时受到了额外的损伤。使用这种方法，获得了不同深度的银扩散。将银烧入表面后，在相对的两侧形成不同厚度的金属陶瓷层。在第 2~4 批中这些层的边界处，机械变形梯度和切向压应力与第 1 批的试样不同。压应力是由于银和铁电陶瓷在燃烧后，从 730℃冷却时的线性膨胀温度系数不同所致[158]。

图 3.1 为测量装置的照片及其结构图。

本实验中使用的测量装置与第 2 章中描述的装置几乎相同，该装置用于确定悬臂型压电发电机的输出特性。其主要区别在试样的固定装置，它在两侧提供了一个悬臂固定端。

3.1.2 实验结果分析

图 3.2 为在验证质量 M=3.1g 时，板的电响应与激振器加速度的相关性。图 3.2（a）（对 1-3B1 批次的第 3 号板）的分析表明，在第 1 批试样银烧结后，金属陶瓷层边界的静态变形梯度和近电极层的切向压应力产生了电极化。这种极化对多种力学性能的影响是稳定的。这一结论可以通过分析图 3.2（a）

中的曲线得出，其中第一条曲线（下）是之前获得的，第二条曲线（上）是将板在 M 下转动 180°之后得到的。M 作用下产生的输出电信号，是由近表层的压缩和下层的张力产生的。在这批试样中，对于板面的每个位置相对于 M 的输出电压值是相同的。这一事实表明了正反面所产生的极化的同一性。

图 3.2（b）表明，当缺陷较多的面位于 M（下）的对面时，6B3 试样的电响应增加了 25%。在这种情况下，与第 1 批一样，板在 M 下的挠度产生了一个与现有应力相反的拉伸机械应力，这是在该表面的陶瓷层形成过程中产生的。输出电压的差值可由这个表面的高极化值得出。

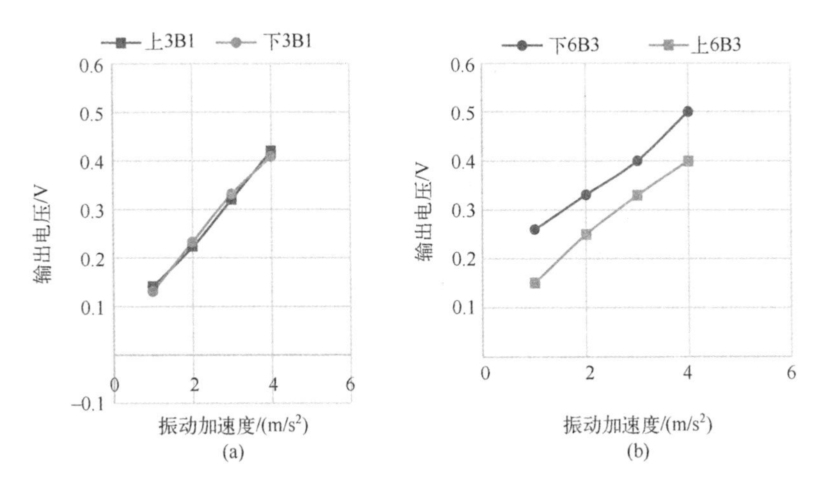

图 3.2　M=3.1g 的机械冲击电响应与工作台加速度之间的关系：
试样在夹具中旋转 180°之前（向上）和之后（向下）
（a）批次 1 的梁；（b）批次 3 的梁。

本实验的主要结果是，当银被烧制时，所描述的极化发生在与 PZT-19 陶瓷板相对的表面。这种极化值取决于电极应用前的表面粗糙度。由于这种效应是在室温下对 PZT-19 的铁电相进行研究的，因此不可能明确地将其解释为挠性电和“巨电”。与此同时，在陶瓷层边界上，极有可能产生极薄的过渡层，该过渡层具有均匀的陶瓷阵列。然而，对于厚度为 0.7mm 的板，在电场中没有初始极化的情况下，其 0.5V 的输出电压，对创造具有更薄板的多层换能器已经具有实际意义。

3.2 非极化陶瓷的挠曲电效应研究

3.2.1 挠性电梁问题的推导

大多数固体中挠曲电效应建模的工作[1,76,100,102]都采用了 Mindlin[110]提出的变分方法。电弹性体的变分原理如下：

$$\delta\int_{t_1}^{t_2}\mathrm{d}t\iiint_V\left[\frac{1}{2}\rho\,|\ddot{\boldsymbol{u}}|^2-\left(W^L-\frac{1}{2}\varepsilon_0\,|\nabla\varphi|^2+\boldsymbol{P}\cdot\nabla\varphi\right)\right]\mathrm{d}V+$$

$$\int_{t_1}^{t_2}\mathrm{d}t\iiint_V(\boldsymbol{q}\cdot\delta\boldsymbol{u}+\boldsymbol{E}^0\cdot\delta\boldsymbol{P})\,\mathrm{d}V+\int_{t_1}^{t_2}\mathrm{d}t\iint_S(\boldsymbol{t}\delta\boldsymbol{u})=0 \tag{3.1}$$

式中：V 为物体的体积；ρ 为密度；$\boldsymbol{u}$ 为位移矢量；W^L 为内部能量密度；ε_0 为电常数；$\boldsymbol{P}$ 为极化矢量；ϕ 为电势；$\boldsymbol{q}$ 为重力；$\boldsymbol{E}^0$ 为外部电场；S 为包围体积 V 的表面；$\boldsymbol{t}$ 为表面力。

为了研究应变梯度的影响，我们将采用[148]的势能密度形式：

$$W^L(\boldsymbol{P},\boldsymbol{\varepsilon},\nabla\nabla\boldsymbol{u})=\frac{1}{2}\boldsymbol{P}\cdot\boldsymbol{a}\cdot\boldsymbol{P}+\frac{1}{2}\boldsymbol{\varepsilon}:\boldsymbol{c}:\boldsymbol{\varepsilon}+\boldsymbol{P}\cdot\boldsymbol{d}:\boldsymbol{S}$$

$$+\boldsymbol{P}\cdot\boldsymbol{f}:\nabla\nabla\boldsymbol{u}+\frac{1}{2}\nabla\nabla\boldsymbol{u}:\boldsymbol{g}:\nabla\nabla\boldsymbol{u} \tag{3.2}$$

式中：a 为逆介电常数；$\boldsymbol{\varepsilon}$ 为小变形张量；$\boldsymbol{c}$ 为弹性模量张量；$\boldsymbol{d}$ 为压电模量张量；$\boldsymbol{f}$ 为挠曲电模量张量；$\boldsymbol{g}$ 为描述纯非局部弹性效应的张量；$\nabla\nabla\boldsymbol{u}$ 为变形的梯度。

将势能式（3.2）代入式（3.1）中变分原理的第一项：

$$\delta\int_{t_1}^{t_2}\mathrm{d}t\iiint_V\left[W^L-\frac{1}{2}\varepsilon_0\,|\nabla\varphi|^2+\boldsymbol{P}\cdot\nabla\varphi\right]\mathrm{d}V$$

$$=\int_{t_1}^{t_2}\mathrm{d}t\iiint_V\left(\frac{\partial W^L}{\partial\boldsymbol{P}}\delta\boldsymbol{P}+\frac{\partial W^L}{\partial\varepsilon}\delta\varepsilon+\frac{\partial W^L}{\partial(\nabla\nabla\boldsymbol{u})}\delta(\nabla\nabla\boldsymbol{u})\right)\mathrm{d}V$$

$$-\int_{t_1}^{t_2}\mathrm{d}t\iiint_V(\varepsilon_0\nabla\varphi\delta(\nabla\varphi)-\boldsymbol{P}\delta(\nabla\varphi)-\nabla\varphi\delta\boldsymbol{P})\,\mathrm{d}V \tag{3.3}$$

由于该问题的变形很小，为了简化解，我们采用欧拉-伯努利假设，将问题由一般公式转化为一维公式。

如图 3.3 所示，梁的振动激励是通过两个固定端相对于某一平面的位移产生的。因此，梁沿坐标 x_3 的绝对位移将包括运动 $w_c(t)$ 和梁 $w(x_1,t)$ 的相对位移。综上所述，位移矢量 $\boldsymbol{u}$ 的形式为

$$\boldsymbol{u}=\left\{-x_3\frac{\partial w(x_1,t)}{\partial x_1},\ 0,\ w(x_1,t)+w_c(t)\right\}^{\mathrm{T}} \tag{3.4}$$

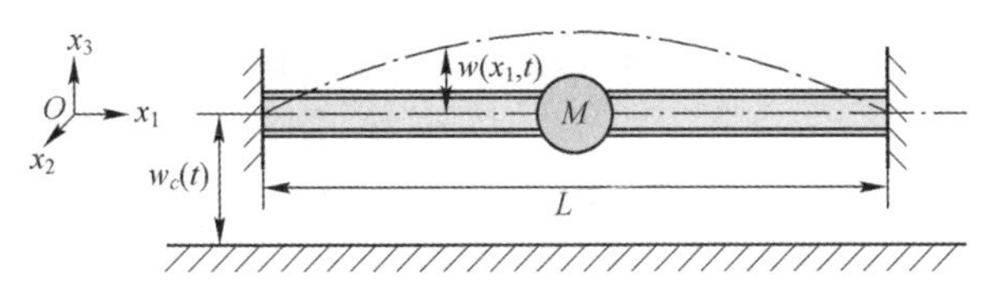

图 3.3　挠性电梁加载的运动学方案

根据假设，应变梯度的非零分量为 $\varepsilon_{11,1}$ 和 $\varepsilon_{11,3}$。由于考虑的梁足够薄，因此忽略了 $\varepsilon_{11,1}$。形变梯度 $\varepsilon_{11,3}$ 将导致材料单元中正负电荷中心的分离，从而产生极化[53]。

考虑到引入的假设，应变张量分量和应变梯度分量的表达式为

$$\varepsilon_{11}=-x_3\frac{\partial^2 w}{\partial x_1^2}$$

$$\varepsilon_{11,3}=-\frac{\partial^2 w}{\partial x_1^2} \tag{3.5}$$

还对极化矢量进行了以下简化：

$$\boldsymbol{P}(x_1,x_3,t)=[0,0,P(x_1,x_3,t)] \tag{3.6}$$

为了便于进一步计算，考虑到引入的简化和假设，我们采用以下符号[53]：

$$a=a_{33}\quad c=c_{1111}\quad d=d_{311}\quad f=f_{3113}\quad g=g_{113113} \tag{3.7}$$

势能密度的形式为

$$W^L=\frac{1}{2}aP^2+\frac{1}{2}cx_3^2\left(\frac{\partial^2 w}{\partial x_1^2}\right)^2-dx_3P\frac{\partial^2 w}{\partial x_1^2}-fP\frac{\partial^2 w}{\partial x_1^2}+\frac{1}{2}g\left(\frac{\partial^2 w}{\partial x_1^2}\right)^2 \tag{3.8}$$

假设没有外力和电场。将势能密度式（3.8）代入式（3.3）可得

$$\begin{aligned}&\int_{t_1}^{t_2}\mathrm{d}t\iiint_V\rho(\ddot{w}-\ddot{w}_c)\delta w\mathrm{d}V+\int_{t_1}^{t_2}\mathrm{d}t\iiint_V\left[\left(aP-dx_3\frac{\partial^2 w}{\partial x_1^2}-f\frac{\partial^2 w}{\partial x_1^2}+\frac{\partial\varphi}{\partial x_3}\right)\delta P\right.\\&+\left(cx_3^2\frac{\partial^2 w}{\partial x_1^2}-dx_3P-fP+g\frac{\partial^2 w}{\partial x_1^2}\right)\delta\left(\frac{\partial^2 w}{\partial x_1^2}\right)+\left(P-\varepsilon_0\frac{\partial\varphi}{\partial x_3}\right)\delta\left(\frac{\partial\varphi}{\partial x_3}\right)\\&\left.+\left(-\varepsilon_0\frac{\partial\varphi}{\partial x_1}\right)\delta\left(\frac{\partial\varphi}{\partial x_1}\right)\right]\mathrm{d}V=0\end{aligned} \tag{3.9}$$

由于极化 δP 的变化是任意的，因此：

$$P_4=\frac{1}{a}\left(-dx_3\frac{\partial^2 w}{\partial x_1^2}-f\frac{\partial^2 w}{\partial x_1^2}+\frac{\partial\varphi}{\partial x_3}\right) \tag{3.10}$$

将式（3.10）代入式（3.9），对横截面 S 积分，可得

$$\int_{t_1}^{t_2}\mathrm{d}t\int_0^L\rho\boldsymbol{I}_1(\ddot{w}-\ddot{w}_c)\delta w\mathrm{d}x_1+\int_{t_1}^{t_2}\mathrm{d}t\int_0^L\left\{\left[\left(c-\frac{d^2}{a}\right)\boldsymbol{I}_3-\frac{2df}{a}\boldsymbol{I}_2-\left(\frac{f^2}{a}-g\right)\boldsymbol{I}_1\right]\right.$$

$$\left.\frac{\partial^2 w}{\partial x_1^2}+\iint_S\left(\frac{d}{a}x_3+\frac{f}{a}\right)\frac{\partial\varphi}{\partial x_3}\mathrm{d}S\right\}\delta\left(\frac{\partial^2 w}{\partial x_1^2}\right)\mathrm{d}x_1=0 \tag{3.11}$$

其中

$$\boldsymbol{I}_1=\iint_S\mathrm{d}S\quad\boldsymbol{I}_2=\iint_S x_3\mathrm{d}S\quad\boldsymbol{I}_3=\iint_S x_3^2\mathrm{d}S$$

在式（3.11）中，在第二个积分的被积函数的第一项中引入右因子的符号：

$$EI^*=\left(c-\frac{d^2}{a}\right)\boldsymbol{I}_3-\frac{2df}{a}\boldsymbol{I}_2-\left(\frac{f^2}{a}-g\right)\boldsymbol{I}_1 \tag{3.12}$$

系数 EI^* 可解释为挠曲电梁的有效抗弯刚度。

假设电场与梁厚度呈线性关系，则

$$E_3=-\frac{\partial\varphi}{\partial x_3}=\mathrm{const}=-\frac{v(t)}{h} \tag{3.13}$$

式中：$v(t)$ 为梁大表面上两个电极之间的电势；h 为梁的厚度。

由于电压的测量是在电阻 R 处进行的，因此流过电阻的电流等于平均电位移 D_3 的时间导数：

$$\mathrm{i}(t)=\frac{v(t)}{R}=\frac{\mathrm{d}}{\mathrm{d}t}\left(\frac{1}{h}\iiint_V D_3\mathrm{d}V\right) \tag{3.14}$$

式中：$D_3=-\varepsilon_0\nabla\phi+P$。由式（3.10），得到了具有挠性电耦合的电路方程：

$$\frac{v(t)}{R}=-\frac{BL}{h}\left(\varepsilon_0+\frac{1}{a}\right)\dot{v}(t)+\frac{1}{h}\int_0^L\left(\frac{d}{a}I_2+\frac{f}{a}I_1\right)\frac{\partial^2 w}{\partial x_1^2}\mathrm{d}x_1 \tag{3.15}$$

为了解决挠性电梁的强迫振动问题，我们将使用 Kantorovich 方法[81]。我们将梁的相对位移表示为一个级数展开式：

$$w(x_1,t)=\sum_{i=1}^{N}\eta_i(t)\phi_i(x_1) \tag{3.16}$$

式中：N 为考虑的振型数；$\eta_i(t)$ 为未知广义坐标；$\phi_i(x_1)$ 为满足边界条件的已知试函数。

将式（3.13）和式（3.16）代入式（3.11）和式（3.15）中。在式（3.11）中，令独立变量 $\delta\eta$ 之前的系数为零。得到了一个两个微分方程的系统，描述连接电阻的挠性电梁受迫振动：

$$\boldsymbol{M}\ddot{\boldsymbol{\eta}}(t)+\boldsymbol{D}\dot{\boldsymbol{\eta}}(t)+\boldsymbol{K}\boldsymbol{\eta}(t)-\boldsymbol{\Theta}v(t)=\boldsymbol{p}$$

$$C_f\dot{v}(t)+\boldsymbol{\Theta}^{\mathrm{T}}\dot{\boldsymbol{\eta}}(t)+\frac{v(t)}{R}=0 \tag{3.17}$$

其中

$$C_f=\frac{bL}{h}\left(\varepsilon_0+\frac{1}{a}\right)$$

$$M_{ij}=\int_0^L\rho\boldsymbol{I}_1\phi_i(x_1)\phi_j(x_1)\,\mathrm{d}x_1$$

$$K_{ij}=\int_0^L EI^*\phi_i''(x_1)\phi_j''(x_1)\,\mathrm{d}x_1$$

$$p_i=\int_0^L\ddot{w}_c(t)\rho\boldsymbol{I}_1\phi_i\,\mathrm{d}x_1$$

$$\boldsymbol{\Theta}_i=\int_o^L\frac{\phi_i''\mathrm{d}x_1(x_1)}{h}\left(\frac{d}{a}\boldsymbol{I}_2+\frac{f}{a}\boldsymbol{I}_1\right)\mathrm{d}x_1 \tag{3.18}$$

式中：C_f为有效电容；b、h、L 分别为压电单元的宽度、高度、长度。

现在需要解决的问题是寻找满足边界条件的试函数。

3.2.2 边界条件

为了求 $\phi_i(x_1)$，我们解决了两端固定且中心有验证质量的梁的自由振动问题（图3.1）。

考虑到位于梁中部的验证质量 M 的影响，将函数 $\phi_i(x_1)$ 表示为

$$\phi_i(x_1)=\begin{cases}\phi_i^{(1)}(x_1) & \left(x_1\leqslant\dfrac{L}{2}\right)\\[2ex] \phi_i^{(2)}(x_1) & \left(x_1>\dfrac{L}{2}\right)\end{cases} \tag{3.19}$$

式中：$\phi_i^{(1)}(x_1)$为梁的左半部分的形状；$\phi_i^{(2)}(x_1)$为梁的右半部分的形状。

此外，在式（3.17）中还需要考虑系统最小值的影响。为此，我们将影响质量 M 的两个分量加到式（3.18）中：

$$M_{ij}=\int_0^L\rho I_1\phi_i(x_1)\phi_j(x_1)\,\mathrm{d}x_1+M\phi_i\left(\frac{L}{2}\right)\phi_j\left(\frac{L}{2}\right)$$

$$p_i = \int_0^L \ddot{w}_c(t)\rho \boldsymbol{I}_1\phi_i \mathrm{d}x_1 + M\phi_i\left(\frac{L}{2}\right) \tag{3.20}$$

将梁各部分的解写成通用形式：

$$\begin{aligned}\phi_i^{(1)}(x_1) &= a_{1,i}\sin(\beta_i x_1) + a_{2,i}\cos(\beta_i x_1) + a_{3,i}\sinh(\beta_i x_1) + a_{4,i}\cosh(\beta_i x_1)\\ \phi_i^{(2)}(x_1) &= a_{5,i}\sin(\beta_i x_1) + a_{6,i}\cos(\beta_i x_1) + a_{7,i}\sinh(\beta_i x_1) + a_{8,i}\cosh(\beta_i x_1)\end{aligned} \tag{3.21}$$

梁两端的边界条件和梁中心的耦合条件为

$$\begin{aligned}&\phi_i^{(1)}\left(\frac{L}{2}\right)=\phi_i^{(2)}\left(\frac{L}{2}\right)\\ \phi_i^{(1)}(0)=0 \qquad &\phi_i^{(1)}\left(\frac{L}{2}\right)=\phi_i^{(2)\prime}\left(\frac{L}{2}\right) \qquad \phi_i^{(2)}(L)=0\\ \phi_i^{(1)\prime}(0)=0 \qquad &\phi_i^{(1)\prime\prime}\left(\frac{L}{2}\right)=\phi_i^{(2)\prime\prime}\left(\frac{L}{2}\right) \qquad \phi_i^{(2)\prime}(L)=0\\ &\phi_i^{(1)\prime\prime\prime}\left(\frac{L}{2}\right)=\phi_i^{(2)\prime\prime\prime}\left(\frac{L}{2}\right)-\alpha\beta^4\phi_i^{(1)}\left(\frac{L}{2}\right)\end{aligned} \tag{3.22}$$

式中，$\alpha = M/\rho \boldsymbol{I}_1 L$。

在满足边界条件的情况下，得到了一个由 8 个方程组成的齐次方程组，每个方程有 8 个未知数：

$$\boldsymbol{\Lambda} = \begin{pmatrix} a_{1,1} & \cdots & a_{1,8}\\ \vdots & \ddots & \vdots\\ a_{8,1} & \cdots & a_{8,8}\end{pmatrix} \tag{3.23}$$

需要找出这个系统的行列式，以便找到特征值 β_i。由于 $\det(\boldsymbol{\Lambda})=0$ 是一个超越方程，将用数值方法来找到它的解。在得到 β_i 的集合后，计算振动的 N 阶模态系数 a_i。

3.2.3 解决方案

由于将考虑基板的谐波激励情况，求解的步骤将与第 1 章中给出的悬臂式压电发电机相似。方程组［式（3.17）］的解具有以下形式：

$$\widetilde{\boldsymbol{\eta}} = \left[-\omega^2\boldsymbol{M} + \mathrm{i}\omega(\mu\boldsymbol{M}+\gamma\boldsymbol{K}) + \boldsymbol{K} + \frac{\mathrm{i}\omega\boldsymbol{\Theta}\boldsymbol{\Theta}^{\mathrm{T}}}{\mathrm{i}\omega C_f + \dfrac{1}{R}}\right]^{-1}\widetilde{\boldsymbol{p}}$$

$$\tilde{v}=-\frac{\mathrm{i}\omega\boldsymbol{\Theta}^{\mathrm{T}}}{\mathrm{i}\omega C_f+\frac{1}{R}}\left[-\omega^2\boldsymbol{M}+\mathrm{i}\omega(\mu\boldsymbol{M}+\gamma\boldsymbol{K})+\boldsymbol{K}+\frac{\mathrm{i}\omega\boldsymbol{\Theta}\boldsymbol{\Theta}^{\mathrm{T}}}{\mathrm{i}\omega C_f+\frac{1}{R}}\right]^{-1}\tilde{\boldsymbol{p}} \tag{3.24}$$

3.2.4　数值实验

使用实验的初始数据作为模型的输入参数。考虑由非极化陶瓷 PZT-19 制成压电陶瓷梁，其几何和物理性质如表 3.1 所示[24,94,98]。

表 3.1　铁电陶瓷梁的参数

项　目	压电单元
几何尺寸($L_0 \times b \times h$)	50mm×4mm×0.7mm
试样工作部分长度(L)	35mm
密度(ρ)	7280kg/m^3
弹性模量(c)	114.8GPa
弹性柔量(s_{11}^E)	17.5×10^{-12}Pa
相对介电常数($\varepsilon_{33}^S/\varepsilon_0$)	682.6
逆介电极化率(a)	0.166GN·m^2/C^2
屈曲电因子(μ_{12})	2μC/m
挠性电模量(f)	-331N·m/C
高阶弹性模量(g)	1.75μN

由于非极化陶瓷是一种中心对称材料，这种材料的压电模量 d 为零。使用公式 $a=(\varepsilon\varepsilon_0-\varepsilon_0)^{-1}$计算逆介电常数，挠曲电模块的$f=-a\mu_{12}$。底座位移幅度为$\tilde{w}_c=0.03$mm。模态阻尼系数为 $\xi_1=\xi_2=0.02$。

构造建梁中间运动的幅频特性和不同负载电阻的电压。计算出固有频率为 504Hz。

由图 3.4 可知，谐振时的最大位移为 1mm。

图 3.5 所示的电压值与在本章开始时所描述的实验中得到的电压值不同。

由于影响高阶效应（如挠曲电效应）的材料常数的定义是一个复杂的、尚未完全解决的研究问题，在本例中，我们可以尝试改变系数 μ_{12}。

在系数的变化过程中，发现当系数达到一定值时，有效抗弯刚度 EI^* 变为负值。

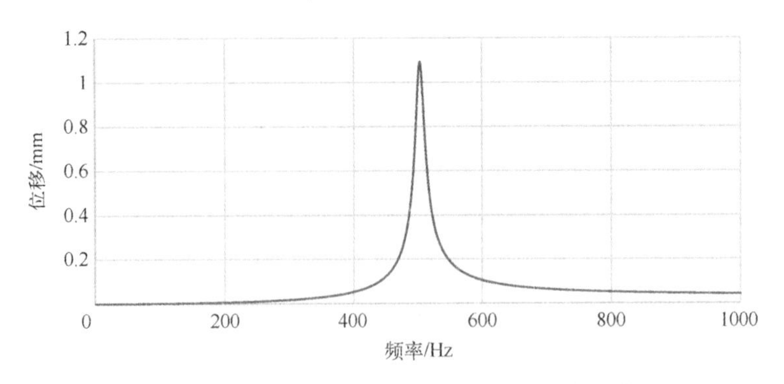

图 3.4　数值实验得到的梁中心位移的频率响应

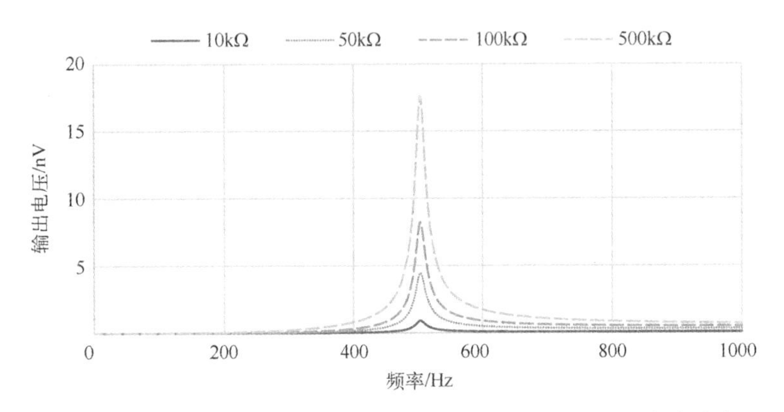

图 3.5　通过数值实验得到的不同加载电阻值时输出电压的频率响应

因此，我们选取过渡点附近最近的值，其为 10^{-3}，构建了电压的幅频特性。

从图 3.6 可以看出，电压值增加了三个数量级。然而，这些值与实验值相比足够小。此外，固有频率为 491Hz，略有下降。梁中部的位移幅值保持不变。这种误差可能是由输入数据不准确，也可能是由所研究现象的非线性导致的。

在本章开头的图 3.2 中，给出了输出电压与工作台加速度的关系。我们构建了一个类似的关系。

图 3.7 所示的输出电压值与实验值有所不同，但从定性上反映了电压与加速度的关系。这种误差可能是由输入数据不准确，也可能是由所研究现象的非线性导致的。

在数值实验过程中获得的结果，表明了在非极化压电陶瓷梁中出现电势的可能性及其定性特征。

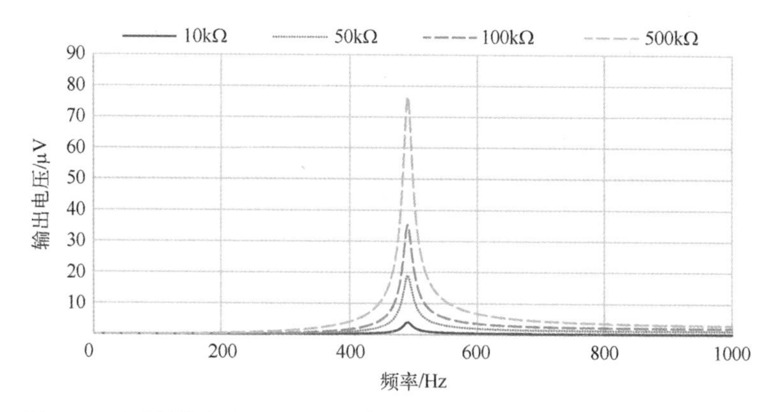

图 3.6　通过数值实验得到的不同加载电阻值电阻上输出电压的频率响应

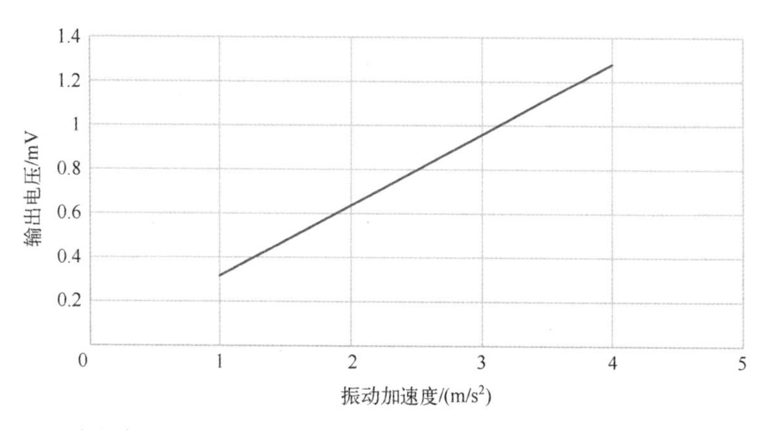

图 3.7　固有频率为 $R=360\text{k}\Omega$ 和 $M=3.1\text{g}$ 时，测得的电响应与激振器加速度的关系

3.3 结　　论

本章的主要结果是在考虑了挠曲电效应的前提下，给出了非极化铁电梁，以及在有验证质量的情况下的强迫振动问题的公式。

结果表明，在非极化试样中可以产生输出电势，其值可用来确定挠曲电常数。

结果发现，只有当有效刚度 EI 为负时，该常数的变化才可能达到特定点，进而失去了物理意义。

第4章

用于旋翼机的放大高冲程挠曲锆钛酸铅压电致动器

4.1 简　　介

直升机的振动和噪声主要是由主旋翼在前向飞行过程中，由叶片涡相互作用（BVI）和前进叶片处的高马赫数所产生的周期性力引起的。这些振动通过旋翼轮毂和齿轮箱传递到机身，限制了驾驶员的能力、表现、可靠性、操纵质量和直升机的效率。针对这些负面影响，直升机旋翼叶片的主动控制在过去30年里引起了人们极大的兴趣。为了解决与动叶主动控制相关的噪声和振动问题，人们做了许多尝试。

转子减振的第一个理论研究涉及高次谐波控制（HHC），该控制基于旋转斜盘下方的执行器，以 $k\Omega(k=1,2,\cdots,n_b)$ 的频率强制固定框架振动。其中 Ω 为转子角频率，n_b 为叶片总数[82,96]。HHC 的另一种解决方案是独立叶片控制（IBC），它是基于旋转机架中的致动器。这些致动器独立地实时改变每个叶片的气动特性[82,89,96,108]。HHC 和 IBC 理论上都能减少振动和叶片-涡相互作用引起的噪声。IBC 系统更适用于同时降低振动和噪声，降低轴功率和延长飞行包线。叶片节距的这些较高谐波激励的技术工作都在叶根，能耗非常高。高次谐波激励也可导致叶片在第一阶扭转振动模态下产生激励[75]。对于主动后缘（ATE）襟翼，激励定位在叶片跨度与旋转轴之间 75%～90% 的距离处[90,149-150,179]。ATE 概念可以采用旋转离散后缘襟翼（图 4.1）[90,129,141,149-150,179]或挠性局部变形翼型[32,48,108]的形式实现。主动控制襟翼通常是弦长的 15%，大多数结构都是由功率压电换能器驱动的。后缘襟翼所需的功率是一个重要的参数，在实际应用中是必须考虑的[83,99,165,179]因素。一般来说，文献［108，141，179］制定了主动襟翼设计中，压电致动器的重点要求：

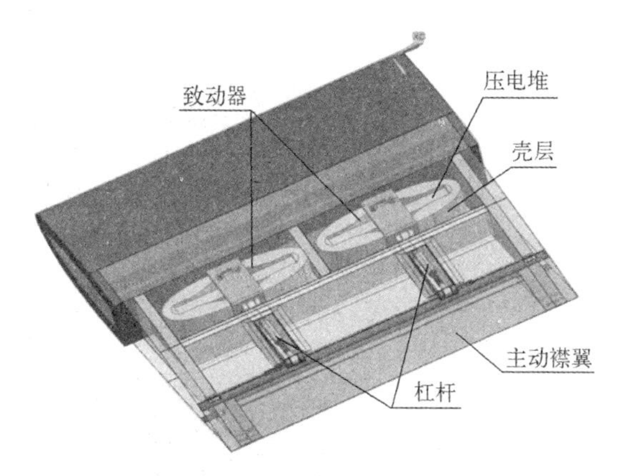

图4.1 带有两个放大挠曲张力致动器的ATE转子叶片部分示意图[156]

（1）致动器能提供大动力和大位移并且结构紧凑，作用力驱动必须能够对操作铰链力矩作出反应，行程驱动必须能够进行±5°的襟翼运动；

（2）为在高次谐波（>5Ω/rev）[112]以及自适应开环和闭环调节器的控制下有效运行，必须在千分尺范围内具有高分辨率，并且响应时间必须在1ms以下；

（3）主动叶片的驱动机构必须能够抵御或承受这些力和叶片结构的大应变，并且寿命必须超过10^{10}次循环；

（4）250V DC以下的低压电源为佳；静态时功耗低；

（5）致动器能够在恶劣的飞行条件下（宽广的温度和湿度范围）工作。

由于压电致动器具有较高的动力和频率，因此能够很好地驱动后缘襟翼，但相对较大的位移，需要这些装置对运动进行某种机械放大。由于不同设计的压电器件产生的位移很小，因此我们建议放大锆钛酸铅（PZT）致动器的冲程。这些设计是以下众所周知的致动器：X-框架[90,141]，“钻石”[141]，基于杠杆放大的致动器[129,141]和带有预应力压电叠层的致动器，压电叠层位于由金属或复合材料制成的椭圆壳的长轴上（图4.2）[75,80,83,99,111-112,165]。在最后一个例子中（有时称为放大曲张致动器），椭圆壳体提供了冲程放大。这些致动器提供了一个相对较大的位移。为了消除致动器质量及其驱动单元对叶片平衡的影响，这些挠性张紧致动器的外壳框架采用碳或玻璃纤维复合材料代替金属[80,108,111,155-156]。这些致动器是由法国公司 Nooliac 和 Cedrat 技术开发和制造的。在工作过程中，空气动力通过杠杆传递到致动器。这些力使襟翼偏转到与其主动偏转相反的方向。由于空气动力的作用，襟翼挠度越高，就需要更大、更重的致动器，但为了平衡靠近主动襟翼的叶片质心，需要额外的质量。

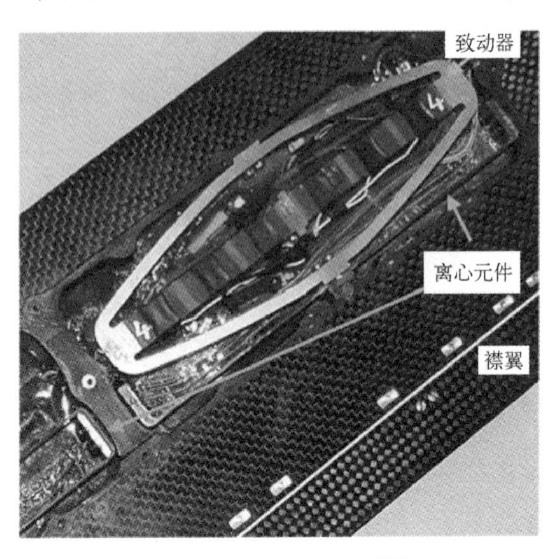

图 4.2　襟翼驱动叶片[99]

在之前的工作[155-156]中，报道了用于优化所研究的柔性张紧致动器性能的技术。该技术假定在给定外力作用下的最大冲程为目标函数。以压电材料的尺寸质量限值、允许工作电压、所有参数以及外母线的曲率为约束条件。壳体的形状用有理贝塞尔曲线来描述，有理贝塞尔曲线由控制点的坐标和相应的权重来定义。针对该问题的总自由度数目很大的特点，采用 MATLAB© (遗传算法工具箱) 中的遗传算法对这些设计变量进行修改，每次迭代采用致动器二维有限元模型的 1/4。在简要说明优化方法的基础上，给出了优化后的致动器设计方案，并对优化后的致动器进行了动态分析，得到了一些仿真结果，并与实验数据进行了比较。针对压电陶瓷刚度不足、粘接层厚度不足、高压放大器输出电流限制较低等问题，讨论了高频和载荷作用下，致动器性能下降的原因。

4.2　致动器壳体建模与数值优化

所设计的致动器应与中等质量直升机的叶片配合使用。它的尺寸、质量和力学参数将与文中[75,96,99,108]所研究的轻型直升机的尺寸、质量和力学参数完全不同。由于叶片结构的结构和质量限制，目前只考虑了由聚合物复合材料制成、椭圆壳体、整体尺寸为 172mm×64mm×24mm 的致动器。我们采用了纵向弹性模量为 3×10^{10} Pa、密度为 1850kg/m^3 的玻璃纤维环氧聚合物复合材料。成品壳的尺寸应为双面作用致动器的压电叠层组合提供预应力。叠层由多层压电陶瓷 PZT-5H 构成，沿厚度方向极化，每层的厚度为 0.5mm。每个并联电连接的 PZT 层的驱动电势高达 500V。初始研究的有限元模型的几何结构如图 4.3 所示。在压电陶瓷叠层的尺寸、力学和电学特性固定的情况下，本节研究了椭圆壳厚度和轴比对致动器工作参数的影响。

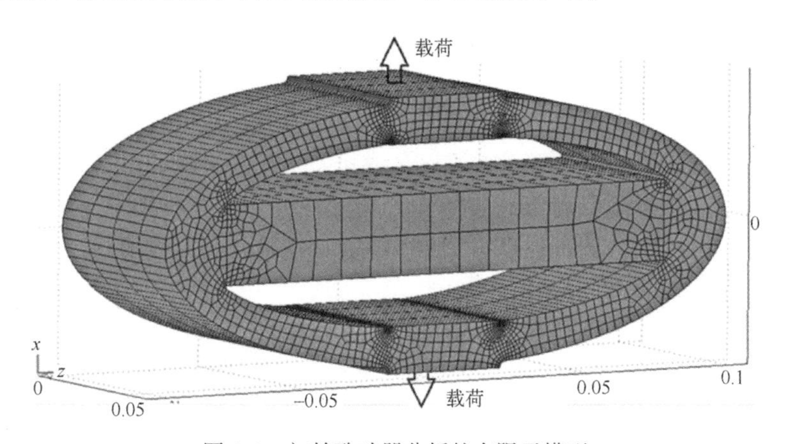

图 4.3 初始致动器分析的有限元模型

有限元（FE）初始静态分析如下：施加驱动电势后，叠层膨胀，壳体变形，沿垂直方向收缩（图 4.4）。然后在壳体执行表面（小四边形平面）施加逐渐增大的拉应力。在加载状态下，对压电叠层的工作冲程、外加反作用力和变形进行监测。一旦执行表面的位移恢复到零，就记录阻塞力。

正如所料，较厚的壳体会产生更大的刚度，但自由冲程较小。已经证实，较浅的壳体提供了更大的冲程放大，但抵消外部载荷的能力降低。致动器的完全顺应性由壳体而不是 PZT 叠层决定，PZT 叠层具有大约两倍的刚度。为了提高壳体的刚度而不损失大量冲程，必须对壳体进行结构优化。

优化过程的基本要素是选择设计参数[25,77]。通过改变母线形状和壳体厚度分布，来实现壳体的优化设计。作为性能指标（目标函数），在给定的外载荷 F_{act} 下选择了工作冲程 h_{op}。

为了使母线的形状具有必要的灵活性，我们使用有理贝塞尔曲线。由于

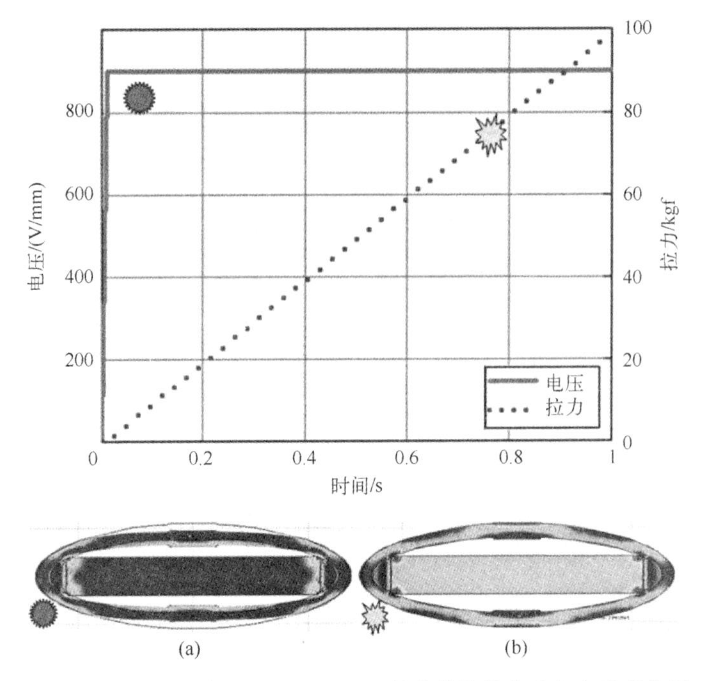

图 4.4 施加外力前（a）和后（b）的壳体数值实验方案及形状图

壳体的对称性，仅对其 1/4 进行了建模和优化。对称壳体几何体呈现为两个分支，每个分支由 3 条三阶贝塞尔曲线组成（图 4.5）。由$(n+1)$个控制点 P^i 定义的 n 阶有理贝塞尔曲线用加权和来表示：

$$R(u)=\sum_{i=0}^{n} w_i B_n^i(u) P^i \Big/ \sum_{i=0}^{n} w_i B_n^i(u) \tag{4.1}$$

其中，$B_n^i(u)$为伯恩斯坦（Bernstein）多项式，定义为

$$B_n^i(u)=\frac{n!}{i!(n-1)!}u^i(1-u)^{n-i} \tag{4.2}$$

其中，$w_i, i=0,1,\cdots,n$ 为控制点的权值；u 为参数，取值范围为 0~1。

在优化过程中，壳体只有 3 个点（图 4.6 中用星号标记）保持不变，因此只优化了母线的形状。为了在点（用×表示）的连接处提供 C^1 连续性，在两条曲线连接点附近的控制点位置，增加了额外的限制条件。如果 P^c 为连接点的坐标，P^{lc} 为左手连接点附近点的矢量坐标，则右手连接的相邻点的坐标为

$$P^{cr}=2P^c-P^{lc} \tag{4.3}$$

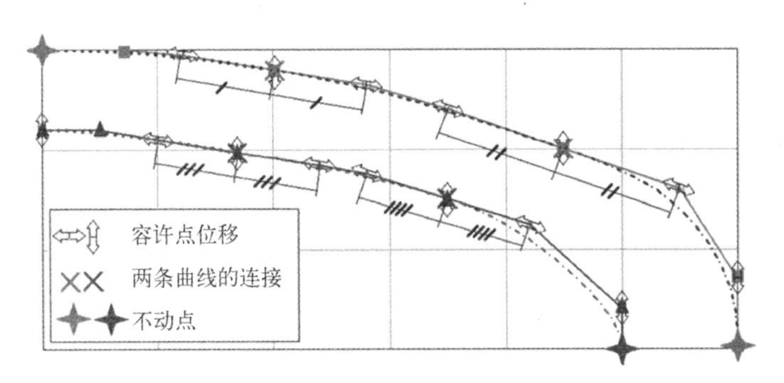

图 4.5　用三阶有理贝塞尔曲线表示壳的外形，控制点的所有位置都受不等式的约束

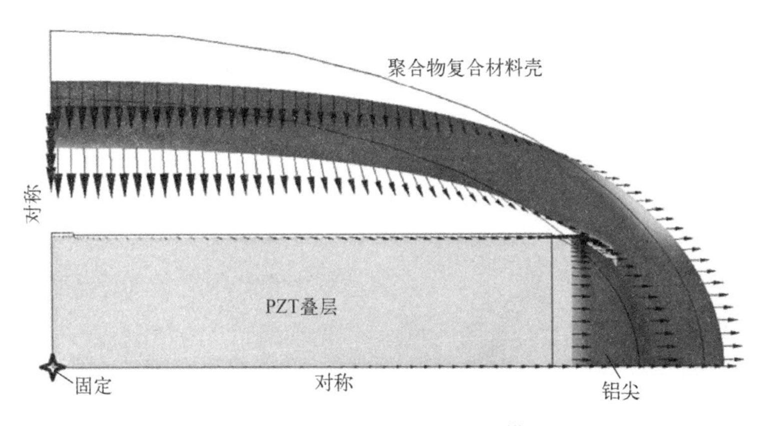

图 4.6　1/4 致动器的有限元模型

图 4.5 显示了控制多边形的相邻边相等。由于壳体的对称性，母线端点（记为×）附近的垂直线（水平线）上的点的分布，自动满足 C^1 连续性的条件（图 4.6）。因此，点的坐标有 21 个自由度（DoF），权值有 18 个自由度，总共有 39 个自由度：

$$\begin{cases} X_i > X_{(i-1)}, & i \in [1, n-1] \\ Y_i < Y_{(i-1)}, & i \in [2, n] \end{cases} \tag{4.4}$$

对于连接点，有以下方程式：

$$\begin{cases} X_0 = 0 \quad Y_0 = b^{\text{in,out}} \\ \quad Y_1 = b^{\text{in,out}} \\ X_n = a^{\text{in,out}} \quad Y_0 = 0 \\ \quad X_{n-1} = b^{\text{in,out}} \end{cases} \tag{4.5}$$

式中，外母线 a^{out}、b^{out} 的维数是固定的，但内母线的维数由不等式给出：

$$\begin{cases} a^{out} > a^{in} = \text{fixed} \\ b^{out} > b^{in} = \text{varied} \end{cases} \tag{4.6}$$

式（4.1）中的所有权值都受到不等式组的约束。构成母线的 3 条有理贝塞尔曲线中的每条都由自己的方程［Eq.（4.1）］来表达。

但是，为了保证母线的光滑性，一条曲线的端点与连接曲线的初始点具有相同的权值。因此，我们有以下的权重约束系统：

$$\begin{cases} w_0 = 1 \\ 0 < w_i < 5, \quad i \in [1, 2, \cdots, n] \end{cases} \tag{4.7}$$

为了缩小控制点坐标范围，并减少搜索区域，引入了一些附加限制[155]。特别是，由于整个襟翼设计的约束和卷绕成型的工艺困难，壳体的外部轮廓受到只有正曲率的曲线的限制。壳体和 D 形铝嵌件的接触面，应安装在 PZT 叠层和壳体之间，其被硬性指定为圆柱形，R=10.5mm（图 4.6）。对于具有多自由度的问题，这样的限制非常重要。为了解决这一优化问题，采用遗传算法工具箱 MATLAB（GA 工具箱），这是因为它有先进的优化手段和直接访问有限元计算的能力。

所有材料特性和位移均被认为是线性的。四边形有限元网格由大约 500 个单元组成。有限元模型在结构力学-压电模式下工作。在每个迭代步骤中，GA 工具箱重建壳体几何形状，重新划分网格，并进行静态分析。致动器冲程的计算值被传输到 GA 工具箱，该工具箱根据约束方程，改变设计变量的值式（4.4）~式（4.7）。所有的计算流程都由 GA 工具箱控制，而 GA 工具箱又引用了所开发的程序模块，进行有限元分析。这些模块是标准的 MATLAB 的 m 文件。遗传算法工具箱的主要设置为：种群规模-20，精英数-4，交叉-分散，变异-自适应可行，混合函数-“fminsearch”。

该优化结果有趣的是，最有效的设计与四杆机构非常相似，其 4 个刚性杆通过旋转接头以平行四边形的形式连接［图 4.7（a）］。这些杆比壳体壁厚，具有较高的弯曲和拉伸刚度。这个类比，使我们可以简单地分析致动器的放大系数与伪椭圆壳大（a）与小（b）半轴的比值的关系。通过假设所有杆的长度相同且恒定，小半轴和大半轴长度变化之间的关系可以用导数的形式表示：

$$\mathrm{d}b/\mathrm{d}a(a) = -1/\sqrt{c^2/a^2 - 1} \tag{4.8}$$

这意味着放大系数随着 a/b 比例的增加而迅速增加。

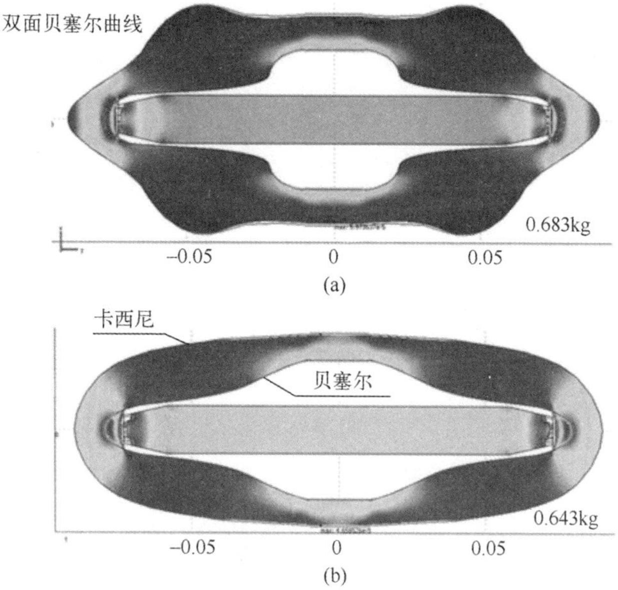

图 4.7　两种有限元壳体模型的几何结构
（a）刚度-冲程放大效果最好，但难以加工；（b）刚度-冲程放大效果可接受，技术方便。

4.3　致动器设计和制造

为了便于使用闭合模技术进行制造，壳体几何形状由卡西尼椭圆（外表面）和贝塞尔曲线（内表面）组合而成［图 4.7（a）和图 4.8］。由于壳体的外部轮廓已完全确定，因此确定内部轮廓（曲线 4、5 和 6）的自由度数量明显减少。在这些条件下，壳体的内部轮廓已重新优化。

这种复合材料外壳是通过将单向高强度玻璃纤维带缠绕在优化后确定的几何形状的芯轴上而制造的。闭合模设计如图 4.9 所示。它由两个可拆卸的半模、芯轴、两个帽和螺栓组成，用于对预浸料坯进行模制、组装和预压。壳体内表面的凸度是通过在缠绕的单向带层之间的附加补强织物片的局部分层来保证的。

将缠绕预浸料的芯杆插入模具中（图 4.10），组装完成后放入真空袋中。

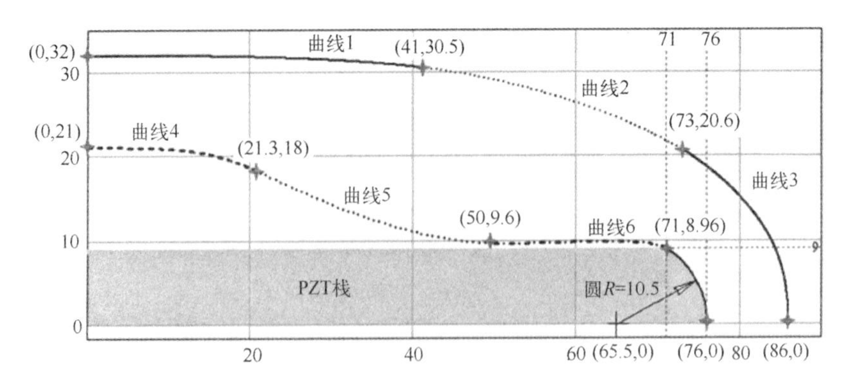

图 4.8 通过优化参数的三阶有理贝塞尔曲线（内轮廓）和卡西尼椭圆（外表面）表示壳体轮廓

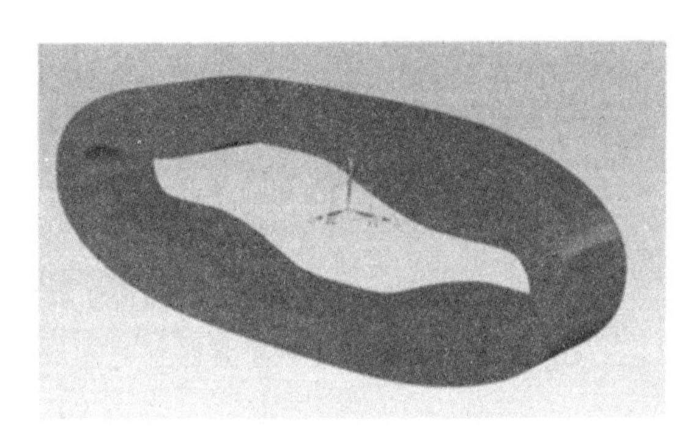

图 4.9 致动器复合壳体 CAD 模型

模具在高压釜中移动，根据预定的温度/压力固化循环进行固化。该循环包括两个升温速率为 2℃/min 的升温斜坡，在 80℃停留 45min 和 150℃停留 2h 的两个停留段（等温保持），并在 180℃后固化 1h，以提供更好的树脂机械刚度。在模具冷却并从芯杆上移除后，固化的外壳要进行侧面铣削，以达到所需的尺寸和侧面的平行度。

压电叠层由 240 个 25mm×20mm 的压电层组成，每个压电层的厚度为 0.5mm，这些压电层并联连接。该压电陶瓷具有与 PZT-5H 相似的性能。为了组装致动器并提供 PZT 叠层的预应力，利用实验机将制备好的外壳沿较短半轴收缩，然后将叠层插入两个铝接触片之间（图 4.11）。卸下壳体后，叠层在约 2kN 的力下压缩。这种预应力消除了脆性压电陶瓷不能承受的拉伸应变。然后，对完整的致动器进行静态和动态测试。

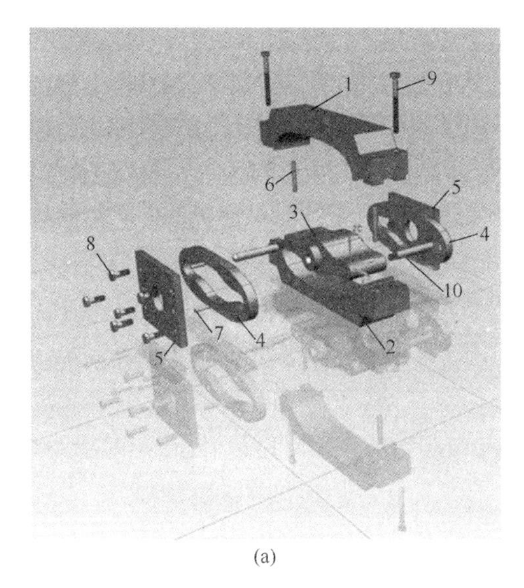

(a)

(b)

图 4.10　用于固化聚合物复合外壳的拆卸（a）和组装（b）模具

(a)

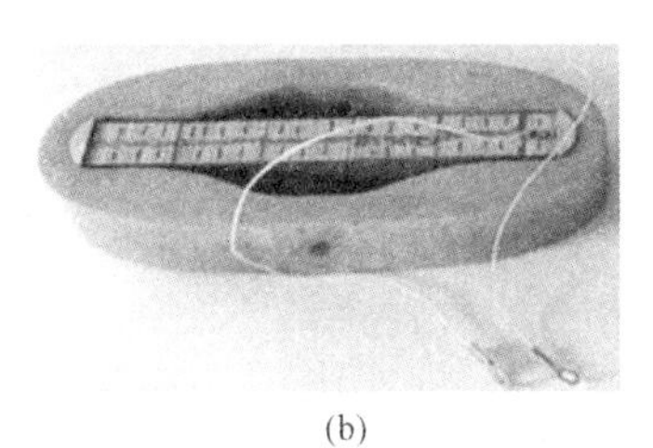

(b)

图 4.11　致动器

（a）致动器的组装；（b）组装后致动器的外形。

4.4　致动器静态实验

在静态实验中，研究了致动器在外力作用下的性能，特别是其刚度和外力对冲程的影响。动态测试旨在确定致动器的频率特性。

壳体在沿其短轴外部压缩载荷作用下的形变，不受叠层刚度的影响。因此线性增加压缩载荷，在实验机上确定叠层刚度。图 4.12 所示的实验结果表明，在很大的外部荷载范围内，“力-位移”呈线性关系。

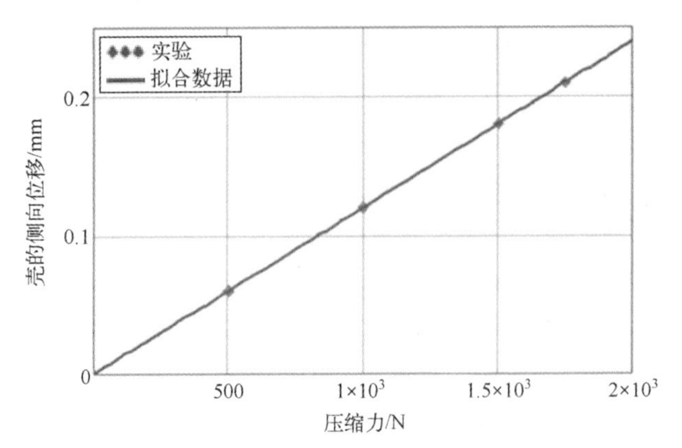

图 4.12　致动器壳体侧向位移与外部压缩力的关系

相反，外部拉力应传递至压电叠层，导致其沿 PZT 叠层轴向作用的压缩力收缩。这种收缩取决于压电材料和层间粘接材料的机械刚度。测试结果如图 4.13 所示。

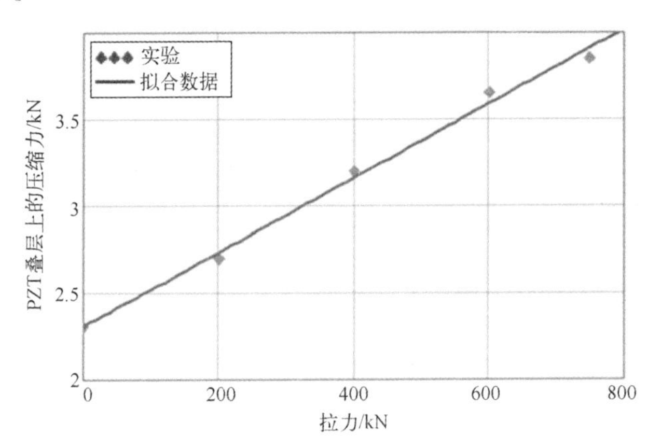

图 4.13　作用在 PZT 叠层上的压缩力与外部拉力的关系

为了测量拉力，使用了实验机的测力装置，而压缩力则通过插入 PZT 叠层和铝接触片之间的小应变片进行测量。图 4.13 中的线性曲线从 2300N 开始，该值对应预应力。

通过试验机十字头在致动器驱动面上施加的不同外拉力，研究了致动器冲程与驱动电压的关系。随驱动电势逐步增加，试验机的测力装置测量拉力。该线性关系如图 4.14 所示，外部拉力初始值为 600N。可以看出，该力随着驱动电势的增加而增大。并在最大允许电压（500V）时，达到850N。

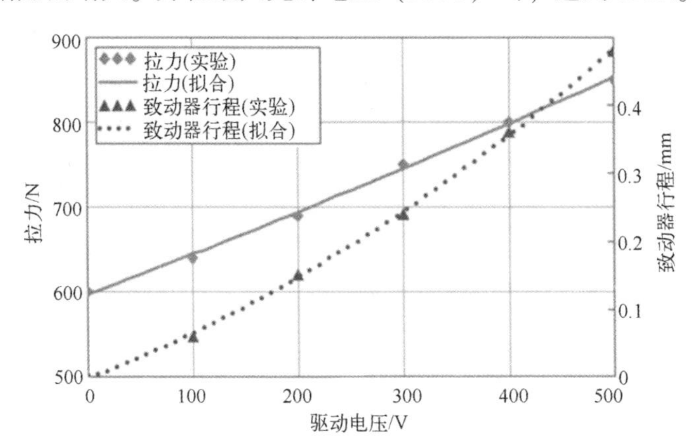

图 4.14　在 600N 的外拉力作用下，致动器冲程与驱动电压的关系

在驱动电势（+450～-150V）和加载（+750～-325N）范围内的静态实验中，未检测到任何滞后现象。

所确定的致动器参数对客机设计者来说是可以接受的，但最重要的数据是在动态虚拟和实验测试中获得的。

4.5　致动器动态特性的数值模拟和实验测试

在对致动器的动态特性进行建模时，我们在上述范围内改变驱动频率和抵消外力。而由于 PZT 材料的要求，驱动电压的振幅始终是正弦波，频率为2Hz、5Hz、10Hz 和 20Hz，振幅为 300V，偏移量为 150V。值得注意的是，在数值有限元模拟中，没有考虑放大器的内阻以及聚合物复合材料、压电材料、粘接材料和铝合金的损耗因素。

自由致动器冲程和 PZT 叠层位移的典型时间历程，如图 4.15 所示。

施加的谐波载荷对致动器冲程的影响，如图 4.15 所示。可以看出正弦波变化力的幅值，在经过两个周期的振动后逐渐增大并趋于稳定。该加载将致动器的冲程减少约 20%。在图 4.15 和图 4.16 中都可以看到，由于外力的作用，工作冲程显著下降。

假设在电源的电能无限大时，致动器的固有频率非常高且等于 680Hz，来解释这一结果（随后被实验推翻）。在这些假设的框架内，致动器的冲程仅取

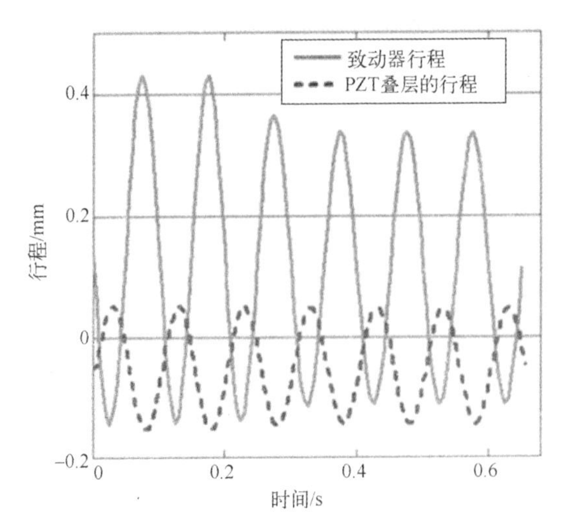

图 4.15　10Hz 驱动频率下致动器部件位移的时间曲线

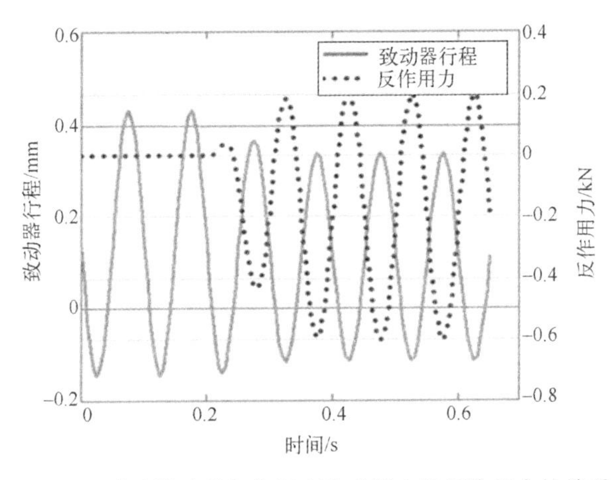

图 4.16　致动器冲程与作用在致动器上的反作用力的关系

决于外部反作用力。这种关系如图 4.17 所示，在理想电源和不损失机械能的条件下，PZT 叠层的动态刚度被削弱。

致动器产生的机械功率与时间的关系如图 4.18 所示。该曲线所示的情况与图 4.16 所示的情况相对应。

功率的周期性变化是由作用于致动器的冲程的力的弹性阻力引起的。由于该力是弹性的，在 1/4 周期内，致动器克服外力，在剩余 3/4 周期内，致动器沿力方向移动。致动器输出功率的峰值与作用力和驱动频率呈线性关系（图 4.19）。

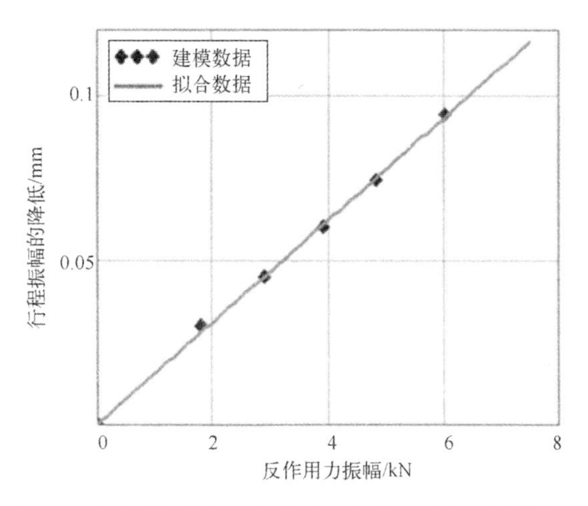

图 4.17 致动器冲程与反作用力的关系（有限元模拟结果）

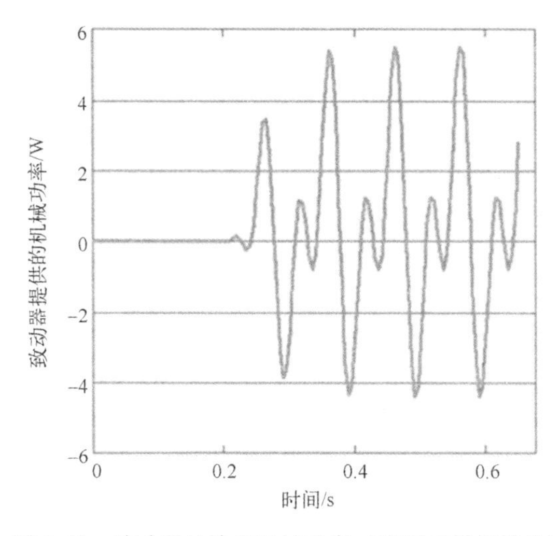

图 4.18 致动器的输出机械功率（有限元模拟结果）

如图 4.18 所示，致动器所消耗的电能的时间相关性与机械功率的时间相关性相似，但电能的峰值要大得多。此外，这种功率的大小基本上与致动器的加载无关。考虑到 PZT 叠层的电容电抗（其电容约为 12μF），这些结果是可以理解的。即使粗略估计该致动器在限制频率为 20Hz 时消耗的功率 W^{react} 和电流 I^{react} 的无功部分（见图 4.19），也会得出：

$$W^{\mathrm{react}} \approx U^2 \omega \cdot C = 450^2 \cdot 2\pi \cdot 20 \cdot 12 \cdot 10^{-6} \approx 305(\mathrm{W})$$

和

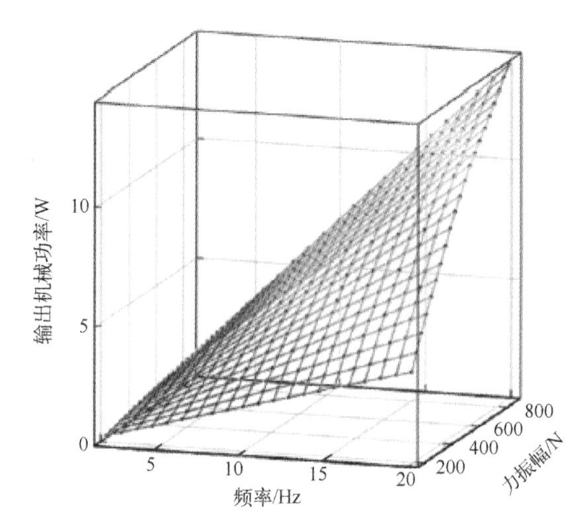

图 4.19　频率和外力与致动器峰值输出机械功率的相关性（有限元模拟结果）

$$I^{\text{react}} \approx U\omega \cdot C = 450 \cdot 2\pi \cdot 20 \cdot 12 \cdot 10^{-6} \approx 0.7(\text{A})$$

式中：ω 为角频率；C 为 PZT 致动器的电容。与无功电功率相比，致动器为工作位移消耗的功率的有效部分非常小（图 4.20）。所需电功率和峰值电流的估值，对压电致动器提出了非常高的要求。

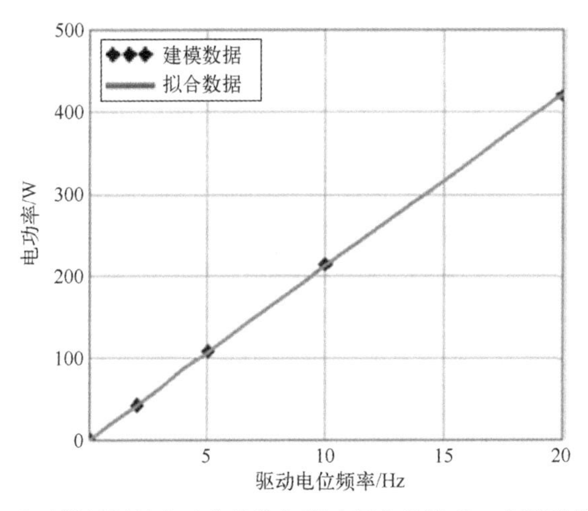

图 4.20　致动器消耗的电功率峰值与驱动频率的关系（有限元模拟结果）

这些结果在实验研究中得到了验证，实验设置如图 4.21 所示。

致动器冲程幅值与加载力和驱动频率的相关性表明，放大器参数对致动器性能有显著影响。例如，即使在 2Hz 的频率下，峰值电流约为 70mA，接近

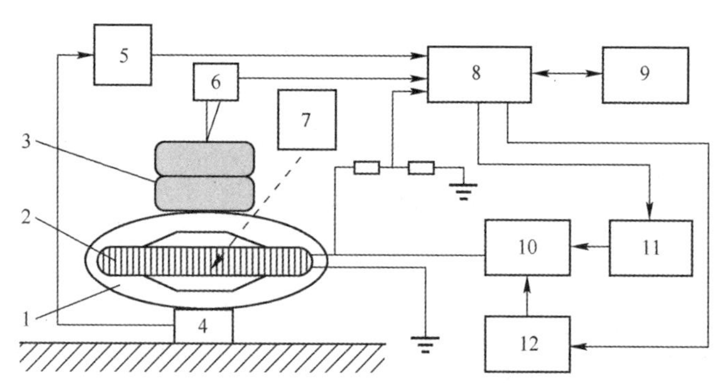

1—聚合物复合壳体；2—PZT叠层；3—阻尼机械载荷；4—测力装置；5—放大器；6—光学传感器；7—温度传感器；8—ADC/DAC；9—PC；10—高压放大器；11—正弦波发生器；12—电源。

图 4.21　用于研究致动器动态特性的实验装置

PA94 压电致动器的允许极限，这个电流也不足以让致动器的正常运行。致动器所需参数已通过使用 PI E-617 高功率放大器实现，该放大器可提供高达 280 W 的输出电功率和高达 2A 的峰值电流。通过使用一对压电致动器，与数值模拟获得的值相比，致动器的冲程从 10%变为 25%。

4.6　结　论

为了给直升机旋翼桨叶提供一种主动控制襟翼，本章提出了一种放大型挠曲压电致动器的优化方法。这种致动器与其他致动器相比，具有重要的优点。因为它提供的最大的冲程放大，并且与摩擦表面没有连接。该方法用卡西尼椭圆和有理贝塞尔曲线表示聚合物复合材料壳体的形状，其参数（控制点的坐标和权重）是优化算法的设计变量。优化过程由 MATLAB 工具箱的遗传算法控制，该算法利用装置的有限元模型，计算目标函数（给定外载荷下的冲程），并对设计变量进行修正以达到最优解。通过对所研制的结构进行有限元分析，确定了在外力作用下的最佳刚度和冲程。对所制备的致动器进行的有限元动态分析和实验研究，揭示了致动器性能降低的最重要原因，例如，由 PZT 板之间的黏合层引起的多层 PZT 叠层刚度降低，以及由于电子驱动系统产生的输出电流和功率峰值不足。由于致动器压电叠层的电容很大，因此驱动系统的功率峰值应该非常高。通过驱动电子设备所需的参数还可以看出，致动器的特性应在高达 20Hz 及以上的频率范围内变化很小。

第5章 杆结构中的缺陷

5.1 杆结构缺陷的诊断和监测

众所周知的损伤分类包括五级[49,146]：第一级是在不指定其参数的情况下检测结构中的缺陷；第二级是确定结构缺陷的位置；第三级是评估损伤的危险程度；第四级是最复杂的一级，预测整个结构的剩余寿命；第五级是在加载过程中对结构缺陷进行实时监控。

大多数关于缺陷识别的研究主要解决第一级和第二级的问题[9,11,23,31,49,70,104-105,107]。研究主要集中在裂纹杆和梁的振动参数上。此外，一些文献还研究了表面相互作用的带裂纹弹性杆的有限元模型[23,49,104-105,107]。

在对各类结构缺陷识别工作的回顾[9]中，分析了解决这 5 个等级的研究成果。基于损伤结构柔度矩阵和阻尼矩阵的动态计算的不同算法估算了缺陷参数对振动固有频率变化的影响、振动形式的模态特征和振动模态曲率变化的影响[146]。不同算法之间的区别在于目标函数表达式和优化方案不同。在一些基于不同模态形状的变化的求解损伤识别问题的算法中，使用了模态置信度（MAC）[9,23,146]。

已知杆和梁结构中缺陷识别的诊断标志，依据它们的制定和识别缺陷所达到的目标，可分为两类[10,16,18,40,87,153]。已知诊断特征的组合分类如图 5.1 所示。上述识别方法也包含在本分类表中。

综合考虑了结构缺陷的各种诊断标志（图 5.1），提出了利用诊断可靠性指标对结构缺陷进行诊断的方法[10,12,67]。特别是在评估各种诊断标志的有效

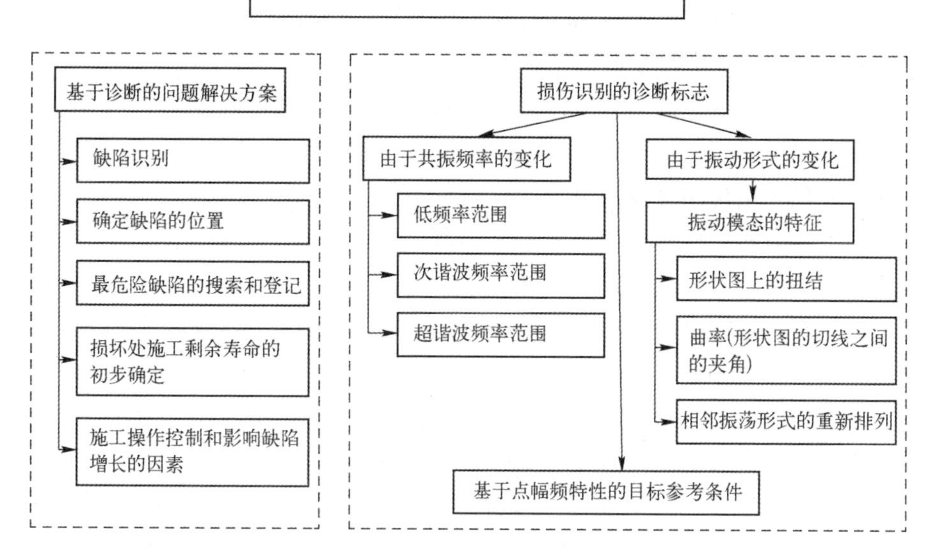

图 5.1 施工缺陷识别中的问题分类及诊断标志

性的问题，这些标志表征了结构的状况，之前在文献［17］中讨论过。这项研究是基于对已知的控制结果可靠性指标的分析。本书提出了一种提高控制结果可靠性的方法，即采用基于各种诊断标志的复杂方法。文献［67］也得出了相同的结论。

5.2 基于梁模型的缺陷参数重构

利用振动过程的初始数据重建杆结构中的缺陷参数，涉及弹性理论，具有重要的实际意义[175-176]。

众所周知，在有缺陷的结构中，振动的参数会发生变化[175]。假设机械结构模型是一个弹性体，振动参数看作施加的载荷作用于结构的结果。不考虑振动阻尼，用模态分析研究了受迫振动，确定了各振型的固有频率。

识别损伤参数的结果是对缺陷特征的描述，即缺陷的位置、结构尺寸和类型。

通过求解识别缺陷参数的逆问题，可以发现结构振动过程的参数可能存在很多变化。因此，识别出不止一个缺陷。在这种情况下，此类问题是不正确的[174]。

在识别过程中，由于结构的复杂程度不同，会出现不同类型的缺陷。由疲劳或腐蚀引起的裂纹是最常见的缺陷类型[101]。

在实践中，为了识别结构单元中的缺陷，通常使用目视法[52,125]（缺陷通过目视检测）。这种方法的缺点是缺陷的参数必须达到显著尺寸，具有开放的形状，并且在结构的外表面可见。在这种情况下，当应力集中部位出现极限应力应变状态时，结构形状可能发生局部变化。然而，如果缺陷位于视线以外的区域，使用目视法则无法检测到它。

为了识别结构中的缺陷，需要使用特殊的诊断方法，例如缺陷检测的振动法[125,127]。

在多项研究中[66,109,124,134,168-170]，对裂缝或缺口形式的结构缺陷进行建模是基于所研究单元横截面刚度的局部下降进行的。

在断裂力学中[132]，在规定的载荷参数下，对特定结构进行了裂纹建模，并考虑以下问题：预测了裂纹附近的应力应变状态、裂纹尖端的应力集中程度以及结构单元中裂纹的后续扩展[43,85,86,159]。应用断裂力学方法对文献［33］结构的耐久性进行了评估。特别是，考虑到裂缝尖端的动应力强度，可以通过计算裂缝的增长速度来确定结构的耐久性[131]。利用可变形固体力学方法和数学模型（有限单元法）[19]对缺陷（裂纹）的第一个标志进行了研究。

模拟裂纹形式的缺陷，要考虑其表面的相互作用，由于导致振动过程的数学建模变得复杂，因此，不能用简单的工程学方法解决断裂重建问题[106,109,134,172-173]。在这种情况下，受损截面的刚度和结构产生的振动性质发生了变化。采用不考虑裂缝开合的缺口形式对裂缝进行建模，可能会限制对结构在动态加载时发生的物理过程的研究。

在文献［133］中，作者在研究裂纹参数对杆弹性柔度的影响时，考虑了等效弹性铰链单元模型。在有限元法的算法中，作者考虑了存在裂纹杆系的强度和刚度的算法[39]。

在文献［65，125］中，作者研究了带有裂纹缺陷杆的纵向振动的模拟。裂缝的位置张开时，采用刚度为 K 的纵向弹簧形式的裂纹建模方法。假定纵向弹簧形式的弹性单元的等效刚度与缺陷尺寸 $d=1/K$ 成反比。在文献［2，27，36］中，采用了一个由等效杆系统模型描述的一维系统，该系统分为两部分，只有一个缺陷。杆之间的连接（缺陷模型）采用给定刚度 K 的弹性单元（或弹簧）建模。作者给出了等效杆系的动态特性，并对存在缺陷时系统的各种固有频率的动态特性进行了研究。

在文献［121］中，作者研究了一种具有等截面的杆，其两端无约束且存在缺陷。该缺陷采用弹性弹簧单元形式的等效单元建模。在文献［115］中，杆系统被视为有缺陷弹簧的等效模型。作者研究了该系统在外界影响下的振动。系统的两个固有频率的变化结果取决于缺陷的位置。作者认为该结果是不正确的，如果系统是对称的，那么在任何对称点存在缺陷都会导致固有频率发生类似的变化；即使系统是不对称的，不同点的缺陷仍然可以在固有频率中产生类似的变化。

在文献［116］中，作者研究了具有恒定横截面和不同位置的缺陷的杆，考虑了不同固定边界条件下杆的振动问题，以及频率的变化不能找到缺陷位置的情况。

在文献［117］中，作者研究了带验证质量缺陷的杆系振动问题。附加在细杆上的验证质量的高度和位置是根据缺陷对固有频率的影响来确定的。在文献［72，114］中，作者解决了一个确定杆中缺陷（裂纹）参数的逆问题，利用谱的渐近形式，唯一地确定了缺陷的位置。在文献［26］中，作者研究了具有等效弹簧和刚度 K 形式缺陷的均质杆的谱的渐近形式。杆结构的两端没有固定。

在文献［2，68］中，作者研究了识别由两部分组成的钢杆结构缺陷的实验，给出了识别与固有频率相关的缺陷参数的特殊方法。

上述文献仅研究了简单的杆模型。在大多数研究中，模型中的缺陷用弹簧的弹性单元来等效。文献中未研究杆系单个振动参数特性，通过谐振缺陷尺寸和弹簧刚度，作者仅研究了一个与弹簧刚度相关的参数（频率变化），而未研究振动形状和弹簧其他参数的变化等因素。

5.3　基于有限元建模的缺陷重构

在文献［34-37，51，74，92-93，119，140，152，177-178，183］中，作者研究了基于有限元模型的振动参数与缺陷参数的关系；通过假设系统的刚度矩阵和质量矩阵有一定的偏差($K+\delta K$，$M+\delta M$)，提出了一种求解逆问题的方法；计算了各固有频率的变化，假定频率的变化是由有限元模型中全部或部分单元参数的变化引起的。不同分析方法确定不同的单元，单元参数的变化会导致一组频率的变化，作者通过统计估算出解。

在文献［44-45，47，65，71，127，142，151］中，作者研究了不同固支梁结构在冲击载荷作用下弯曲振动参数的多种建模方法。同时，作者[28,44,121-122,181]模拟了冲击激励下缺陷杆的振动。将缺陷用具有一定抗弯刚度 K 的简单等效弹簧单元建模，提出了识别缺陷参数的多种解决方案。文献［28］中介绍了最先进的方法。作者介绍了解决结构振动模拟问题的后续过程，并建立了带有缺陷的均匀梁频率的方程，缺陷用具有弯曲旋转刚度 K 的弹簧单元等效，其位于特定位置 R 处。另外，作者对冲击载荷作用下的结构振动进行了建模，分析了结构的前六阶固有频率及其变化，确定了缺陷的刚度和位置。

在文献［113］中，作者分析了位于特定位置的具有弯曲转动刚度的弹簧形式缺陷的细直梁。缺陷尺寸取决于其刚度，作者在相对较小的刚度值下进行了研究，在不考虑某一频率阻尼的情况下，分析了无穷小振动的参数。横向振动用欧拉-伯努利假设描述。作者指出，频率平方的变化与储存在梁损伤部位的势能成正比。与无缺陷位置相比，它们也与损伤位置处振动形状曲率的平方成正比。

在文献［116］中，作者研究了一种具有缺陷的均质自由支撑梁结构。假设梁的刚度大小和缺陷位置由第 m 和第 $2m$ 频率的变化唯一确定（对称性除外）。通过研究这种梁结构，给出了在滑动边界条件下梁的 m 阶和（$m+1$）阶频率变化时振动参数的替代识别方法。唯一的条件是振动形式由一个单独的正弦函数定义。同时，振动形式在一般情况下包括正弦余量和余弦分量。该方法可推广应用于其他边界条件下频率变化的情况。在文献［118］中，作者使用这种方法来识别两端自由支撑且有两种缺陷的梁结构的损伤参数。

在文献［128，142］中，作者表明，对于受损梁的一阶模态，振动曲线在缺陷位置附近区域增大。在某些形式的振动中，曲率在缺陷区附近不发生变化。

在文献［54-55］中，作者研究了有缺陷的杆的振动。在应用 Sturm 理论时，表明在相应的振动形式上，节点趋近缺陷的位置。梁振动的形状服从四阶方程，而不是描述杆的简单二阶方程。该方法得到了文献［68］中研究结果的证实。

文献［91］研究了四阶方程的性质。研究结果表明，Sturm 理论对这类方程并没有简单的推广。找到了振动曲线上的一些点，称为相同点。这些点趋近缺陷点，但对相同点没有一个明确的物理解释。为了支持这一结论，文献［55］的作者给出一些例子，表明节点并不总是接近缺陷位置。

目前的研究文献［29-31，56，78，88，126，145，147］考虑了杆结构的有限元模型，并描述杆结构在动态载荷作用下的裂纹。该方法对发生在裂纹缺陷位置附近的物理过程进行了足够精确和详细的研究。作者在文献［126］中研究了带裂纹悬臂梁的有限元建模模拟，这是一个精细单元建模仿真。该梁在实验谐波力的作用下发生弯曲振动。带有裂纹的悬臂梁的有限元模型如图 5.2 所示。

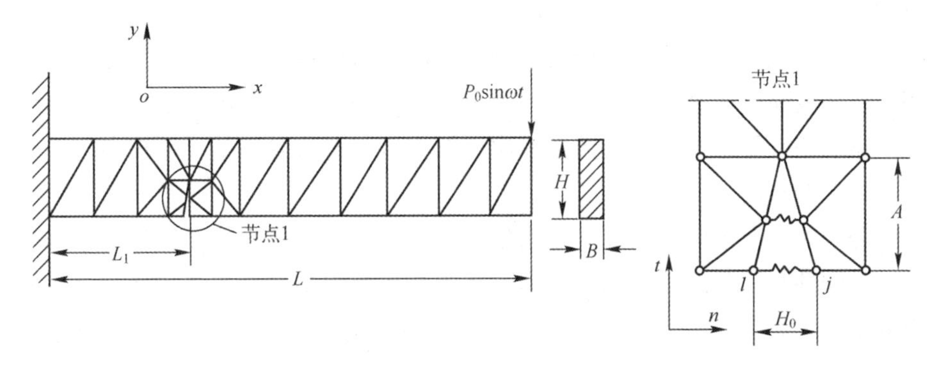

图 5.2　带裂纹悬臂梁有限元模型

在对有缺陷的杆类结构进行建模时，通常使用两种模型：分段线性模型和有限元模型。这些模型的主要区别如下。

采用分段线性模型，仅考虑杆结构弯曲振动时裂纹附近的横向变形。相比之下，有限元模型的描述结构更复杂，不仅考虑了纵向剪切变形，还考虑了横向剪切变形，以及干摩擦力对裂纹面相互滑动的影响。利用有限元模型，可以更准确地研究缺陷（裂纹）区域的应力应变状态分布[41-42]。

裂纹有限元模型的应用使我们能够相当准确地描述其参数。该模型还伴随着较复杂的数学描述和专业计算机技术的应用。因此，对有缺陷的结构，有必要针对具体情况考虑其研究的复杂程度。

在研究结构动荷载区域时，可以采用精细化的有限元模型对缺陷（裂纹）区的应力分布进行详细分析。如果不采用有限元模型，就不可能考虑裂纹区的剪切变形和干摩擦力，其对系统的动力响应的影响，尤其是在短杆的弯曲振动分析中显得尤其明显。文献［167］的结果表明，在长度 l 远大于截面尺

寸 $h(l/h>20)$，而横向剪切变形的影响很小时，采用杆结构的分段线性模型是合理的。

使用数学建模来识别杆结构中缺陷的参数，使我们能够识别新的诊断特征，从而识别不同生长阶段的缺陷。最常见的问题是缺陷传播早期参数的识别。通过研究这两个模型的充分性，文献［66，172］的作者指出，大多数情况下采用带损伤结构的分段线性模型是足够用的。该模型提供了一种快速的任务解决方案。通过对带损伤结构的研究，比较了这两种模型（分段模型和有限元模型），第一种模型能够得到足够的应用结果，并能更快地解决问题。

文献［46，166，170］中的研究，证明了在杆结构缺陷识别算法中，使用分段线性模型的有效性。例如，文献［31，171-173］的作者在使用分段线性模型的基础上，提出了超谐振和次谐振方法，来搜索杆单元结构中以裂纹形式存在的缺陷。

分析表明，最佳的近似方法是有限元法[31]。但由于数值计算烦琐，需要一定的硬件和相关的计算软件，因此在建模和求解缺陷参数逆问题时存在一定的困难。

5.4 后续研究目标

最后介绍了基于无损检测方法、物理实验建模和使用所选数学模型进行计算的重建杆结构缺陷技术的开发结果。我们将评估所选模型的充分性，以完善实验研究并优化杆结构。数学建模包括问题的数学公式、求解方法的研究和软件的开发。通过求解弹性理论的微分方程组，确定初始条件和边界条件，对结构振动的特性进行了计算。在这种方法中，我们使用了有限元法的直接数值方法。在实物杆结构建模和算法搜索中应用该方法，需要强大的计算机资源和相应的软件，包括服务程序、数据库程序和专用计算程序等。

此外，基于振动参数以及理论和实验研究的结果，建立了一套用于结构缺陷诊断与监测的原始信息测量系统。

第6章和第7章提出的具体问题包括：

（1）具有缺陷未损坏弹性杆结构振动参数的计算方法。

（2）缺陷的结构参数对模型的模态特征的影响，基于振动参数分析检测缺陷判据及其有效性。

（3）利用振动参数检测杆状结构缺陷的算法。

（4）具有结果可视化的计算机软件，实现检测杆结构缺陷的算法。

（5）用于诊断杆结构缺陷的测量方法和装置。

第6章

悬臂弹力杆缺陷的识别

6.1 悬臂梁缺陷重构问题的数学公式

在直接问题中，在具有边界的区域中讨论弹性体的稳态振动，它们由以下边值问题描述：

$$\sigma_{ij,j}=-\rho\omega^2 u_i \quad \sigma_{ij}=c_{ijkl}u_{k,l},\quad i=1,2,3 \tag{6.1}$$

$$u_i\,|_{S_u}=u_i^{(0)} \quad \sigma_{ij}n_j\,|_{S_t}=p_i \quad \sigma_{ij}n_j\,|_{S\pm}=q_i \tag{6.2}$$

式中：u_i为位移矢量的搜索分量；$u_i^{(0)}$、p_i、q_i分别为位移矢量和表面载荷的已知分量；σ_{ij}，c_{ijkl}分别为应力张量和弹性常数的分量；ρ 为密度；ω 为圆振动频率；$S_\pm$为裂纹内表面积。

所考虑的物理模型如图 6.1 所示，其边界是刚性固定的。根据谐波定律变化，在该点施加一个力。在边界条件［式（6.2）］中，右侧的形式为

$$u_i^0=0 \quad q_i=0 \quad p_2=-Pe^{i\omega t}\delta(x_1-l)\delta(x_2-h)\delta(x_3-0.5a)$$
$$p_1=p_2=0 \tag{6.3}$$

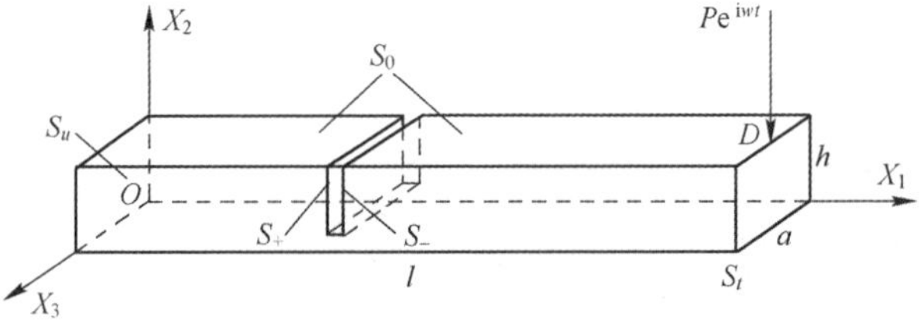

图 6.1　有缺陷的杆模型（缺口形式）

识别缺陷（裂纹、缺口、夹杂物和空洞）的参数需要确定它们的形状，其表面是未知的，这就涉及弹性理论的逆几何问题。此外，我们将假设裂纹面不相互作用，并且不受应力影响。

为了解决曲面重建的逆问题，需要一些附加的信息，这些信息用于位移波场$\overline{U}=(U_1,U_2,U_3)$，在自由表面的$S_0$部分：

$$u_i\big|_{S_0}=U_i(x,\omega)x\in S_0\text{和}\ \omega\in[\omega_b,\omega_e] \tag{6.4}$$

或一组谐振角频率Ω上测量：

$$\Omega=\{\omega_{r1},\omega_{r2},\cdots,\omega_{rN}\} \tag{6.5}$$

式（6.4）和式（6.5）所需的值在全尺寸实验中很容易测量；在这种情况下，可以在式（6.4）中，测得特定点集x_k（位置扫描）和角频率ω_m（频率扫描）的稳态振动的一组位移幅度Ψ：

$$\Psi=\{U_i(x_K,\omega_m)\,|\,k=1,2,\cdots,K\quad m=1,2,\cdots,M\}\ x_k\in S_0\text{和}\ \omega_m\in[\omega_b,\omega_e] \tag{6.6}$$

Ω或Ψ表示缺陷重建数学方法的一组输入信息。

6.2 带缺陷悬臂梁有限元建模及振动参数分析

6.2.1 带缺陷的全身杆模型

将式（6.1）和式（6.2）利用有限元法，得到如下矩阵方程：

$$(-\omega^2[\boldsymbol{M}]+[\boldsymbol{K}])\{\boldsymbol{U}_0\}=\{F\} \tag{6.7}$$

式中：$[\boldsymbol{M}]$为质量矩阵；$[\boldsymbol{K}]$为刚度矩阵；$\{\boldsymbol{U}_0\}$为未知数的节点振幅向量；$\{F\}$为节点影响的幅度值。

从系统解中选取谐振固有频率和本征模态：

$$([\boldsymbol{K}]-\omega^2M)\{\boldsymbol{U}_0\}=\{0\} \tag{6.8}$$

由于最常见的缺陷形式是结构的一个表面的边缘出现裂缝和缺口，因此我们将进一步考虑具有单面缺陷的杆。矩形截面的悬臂梁（其中$L=0.25\text{m}$，$h=0.008\text{m}$，$a=0.004\text{m}$）如图6.2所示。

缺口形式的缺陷位于$\overline{L}_c$处，其中$\overline{L}_c=L_c/L$。切口的垂直轴线垂直于杆的主轴线。假设缺陷的宽度$d=0.001\text{m}$。缺陷的大小在$t\in(0.0001-1)h$内变化，缺陷的相对大小为：$\bar{t}=t/h$。该模型的力学性能与St10钢相似，弹性模量$E=$

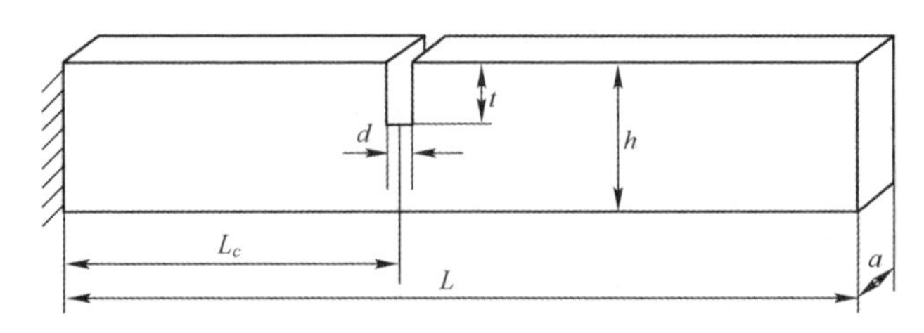

图 6.2　有缺陷的悬臂梁图示

2.1MPa，密度 $\rho=7700\mathrm{kg/m^3}$。

采用有限元软件 ANSYS 中的三维单元 Solid 92 对整体三维模型进行建模。最终单元 Solid 92 为四面体形状，每个节点有 6 个自由度（图 6.3）。

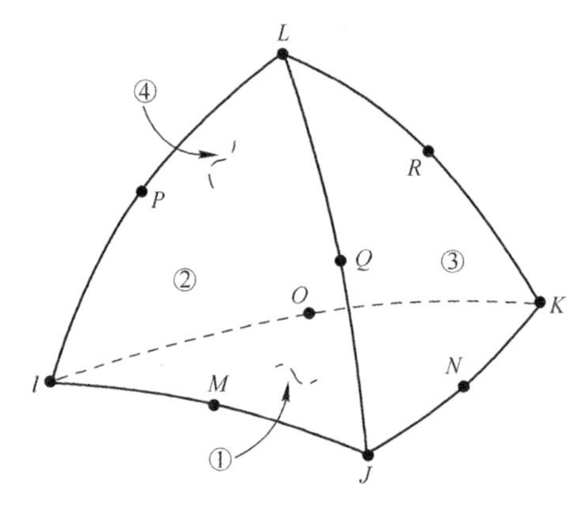

图 6.3　在软件 ANSYS 中建模使用的三维四面体有限单元 Solid 92；圆圈表示四面体的面

初步分析采用了不同尺寸有限单元建模的梁的固有频率的变化，包括整个杆上和切口附近。有限单元的尺寸选择，应确保确定的固有频率误差最小。将杆模型的边缘沿长度按杆长度的 1/30 划分节点。沿着杆的高度和宽度的横向边缘，以及缺陷的面的边缘，以相应边缘长度的 1/3 划分节点。全尺寸模型的缺口缺陷以垂直于横截面的 1mm 宽度建模。有限元网格数量在缺陷附近加倍。因此，有限元的总数超过了 5000 个。有限元模型的网格划分如图 6.4 所示。图 6.5 所示为缺口缺陷区域的网格划分示例。

对带有缺口缺陷的杆的振动进行有限元模态分析，得到了杆的固有频率和相应的振型。为了获得有缺陷的杆上某些点振动的幅频特性，进行了有限元谱分析。

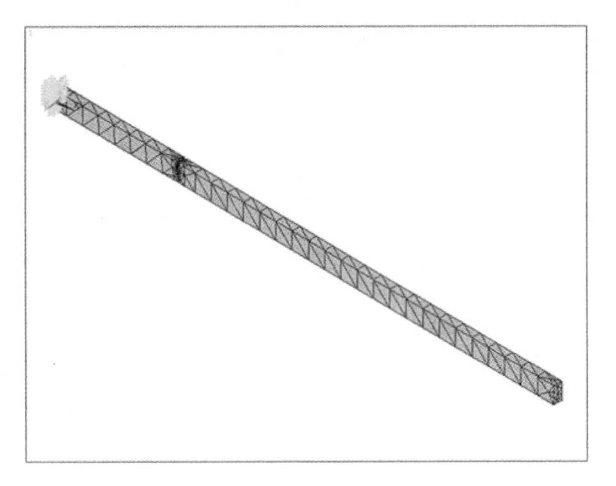

图 6.4　在 ANSYS 中将杆模型划分为有限单元

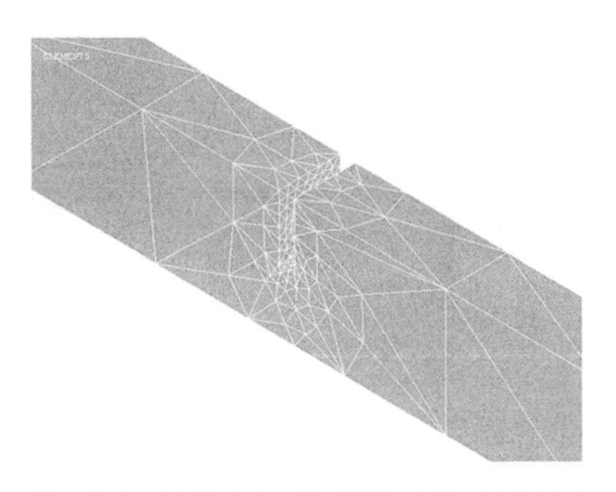

图 6.5　缺口缺陷区域附近的有限元网格示例（缺陷尺寸 $\bar{t}$=0.7）

6.2.2　带缺陷模型的模态分析

本节的研究目的是通过对不同位置单一缺陷杆的悬臂模型整体进行有限元模态计算，通过对谐振振动模态分析，得到缺陷参数识别的判据。

用有限元软件 ANSYS 建立了无缺陷的连杆的整体模型。获得了前 26 阶谐振振动模态的相应固有频率。表 6.1～表 6.4 分别给出了杆模型在垂直 *OXY* 平面（表 6.1）的横向振动模态、模型在水平 *OZX* 平面（表 6.2）的横向振动模态、相对于杆 *OX* 主轴的扭转振动模态（表 6.3），以及纵向振动模态（表 6.4）。

表 6.1　*OXY* 平面的横向振动模态

平面振动模态数	谐振振动模态数	频率/Hz	平面振动模态数	谐振振动模态数	频率/Hz
1 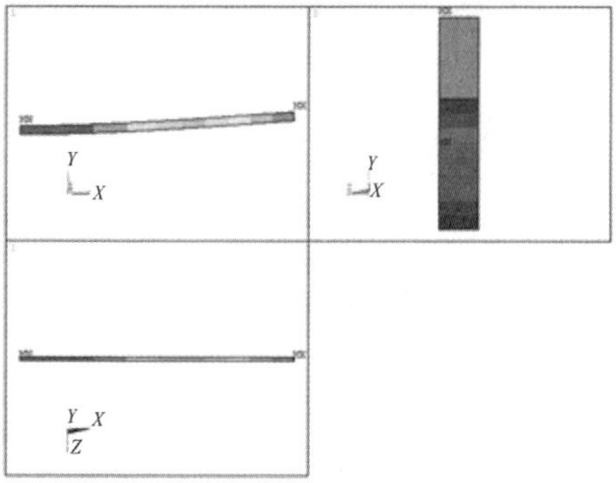	2	108	2 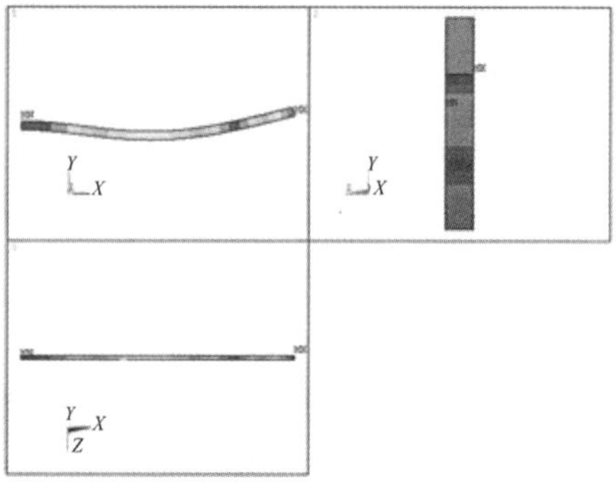	4	673
3 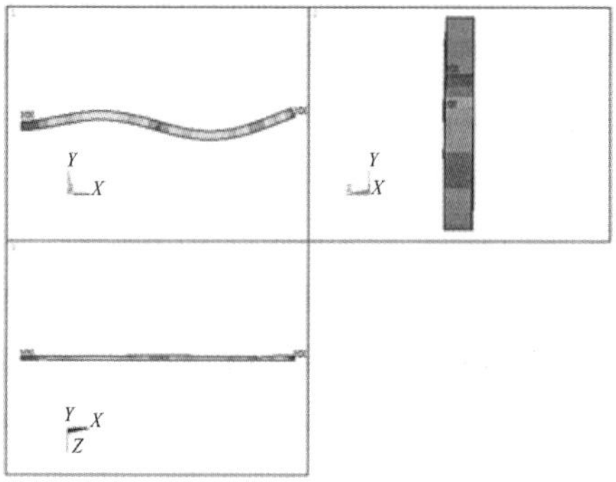	7	1872	4 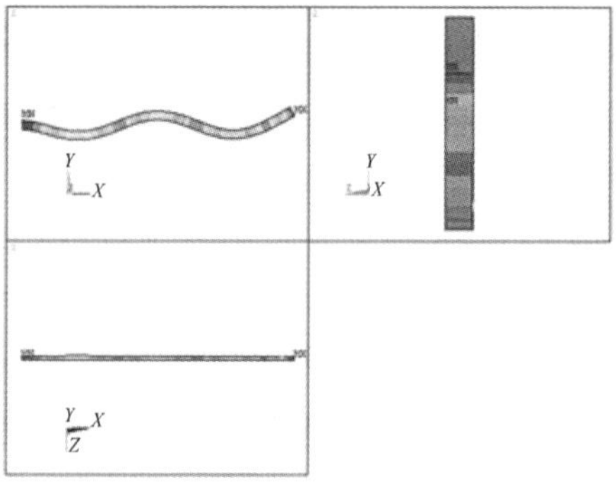	10	3603
5 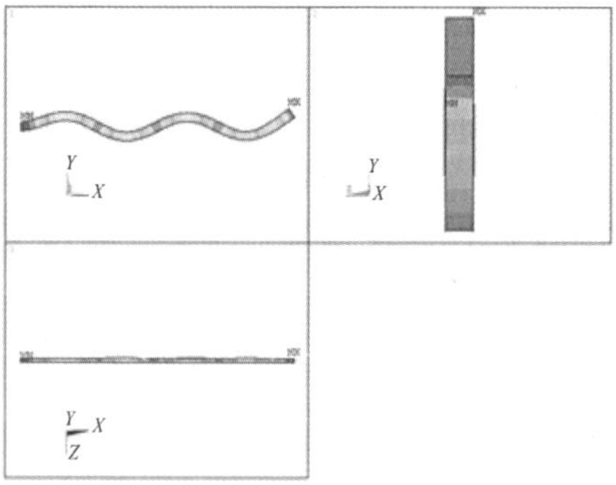	13	5919	6 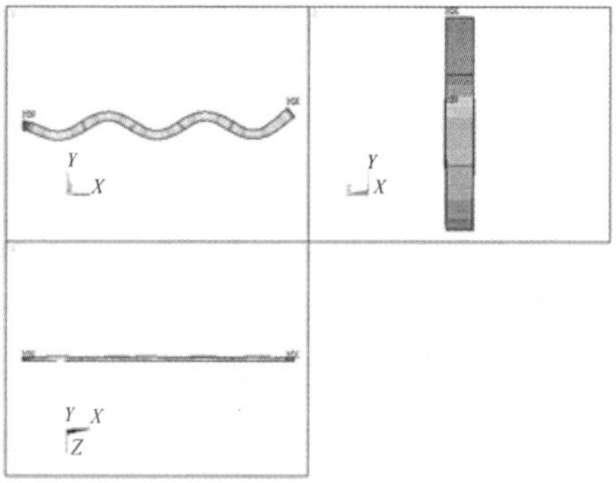	17	8701

续表

平面振动模态数	谐振振动模态数	频率/Hz	平面振动模态数	谐振振动模态数	频率/Hz
7	19	11932	8	22	15569

表 6.2　*OZX* 平面的横向振动模态

平面振动模态数	谐振振动模态数	频率/Hz	平面振动模态数	谐振振动模态数	频率/Hz
1	1	54	2	3	338
3	5	946	4	6	1849

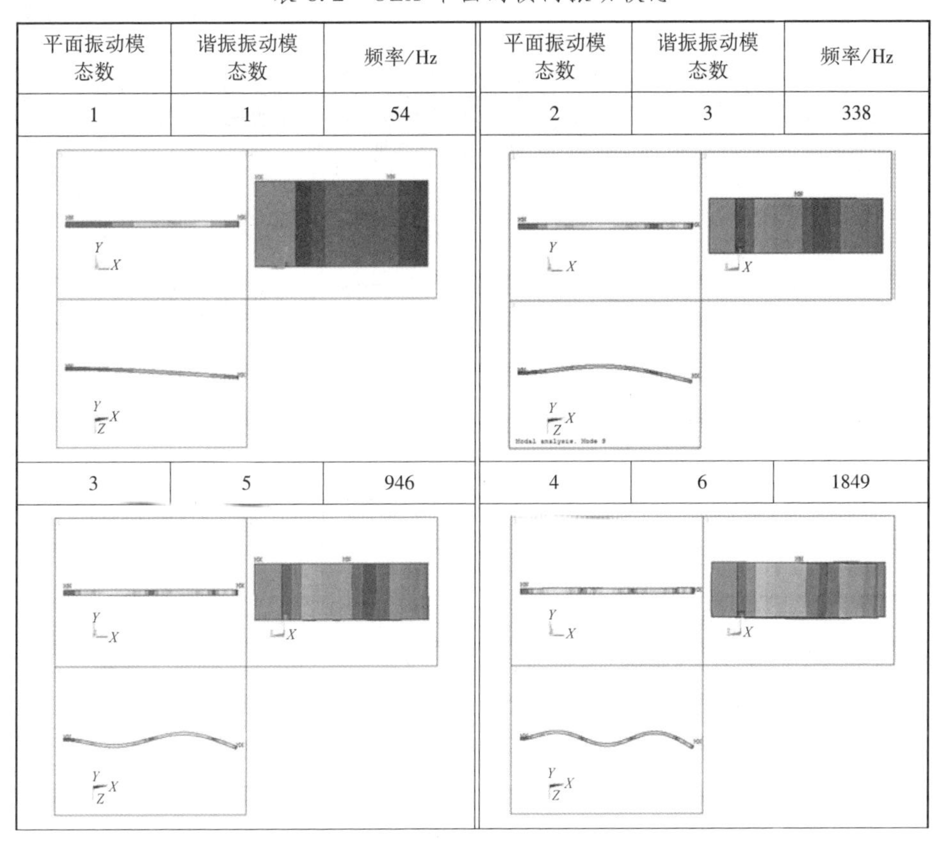

续表

平面振动模态数	谐振振动模态数	频率/Hz	平面振动模态数	谐振振动模态数	频率/Hz
5	9	3047	6	11	4534
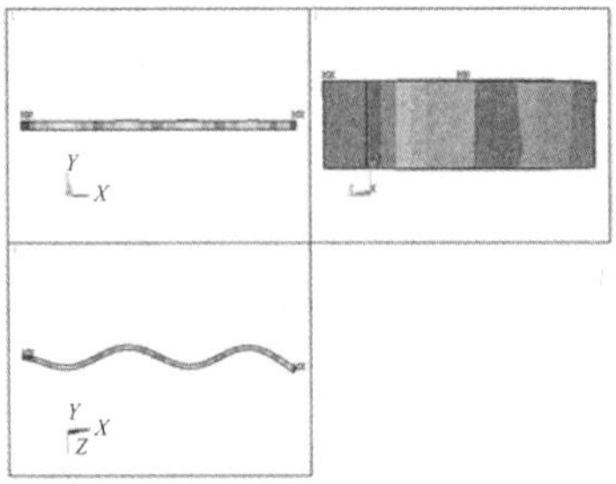			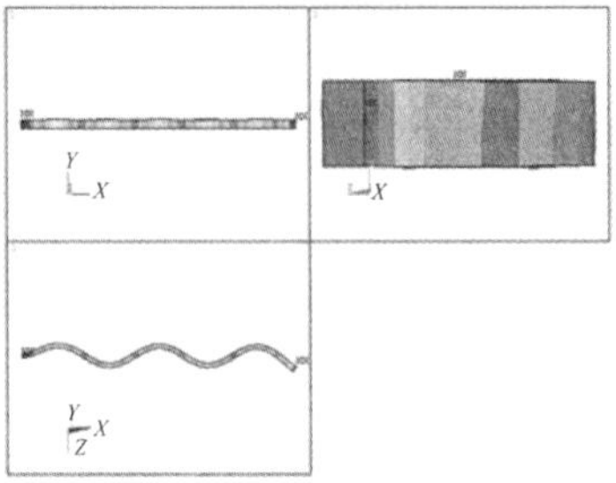		
平面振动模态数	谐振振动模态数	频率/Hz	平面振动模态数	谐振振动模态数	频率/Hz
7	14	6302	8	16	8346

表 6.3　扭转振动模态

平面振动模态数	谐振振动模态数	频率/Hz	平面振动模态数	谐振振动模态数	频率 /Hz
1	8	2410	2	15	7232
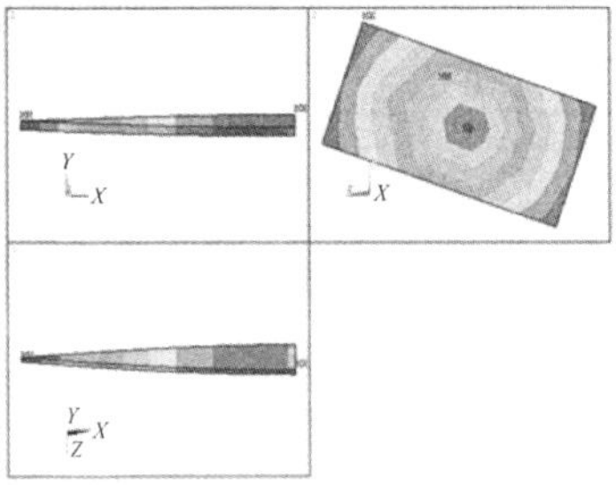			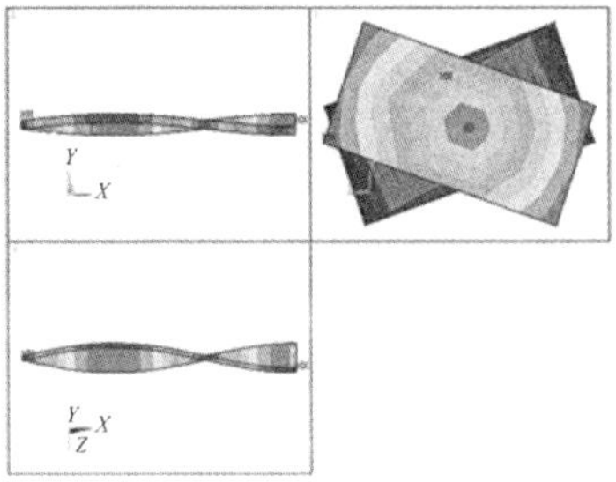		
3	20	12058	4	25	16892
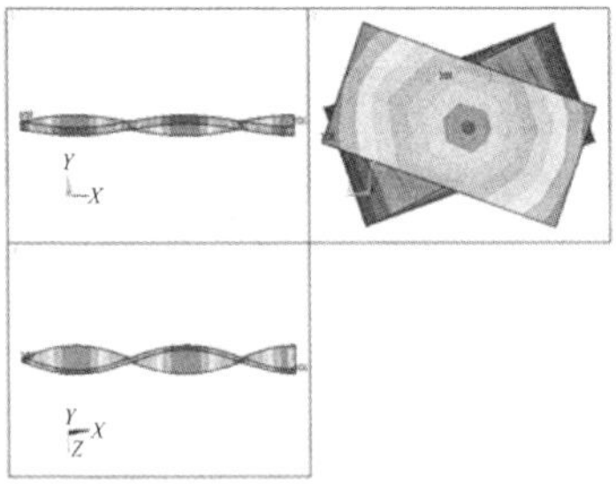			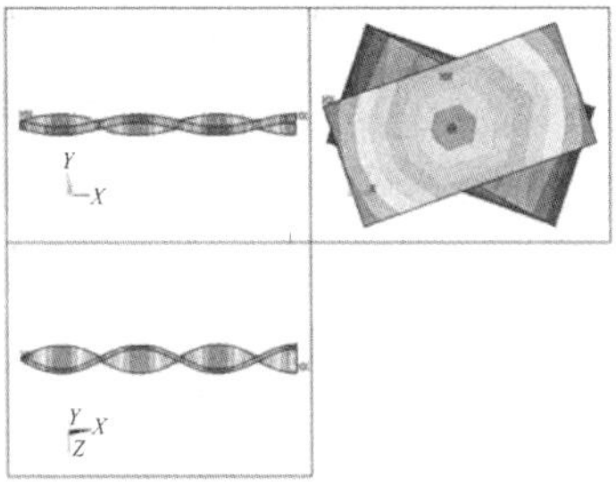		

表 6.4 纵向振动模态

平面振动模态数	谐振振动模态数	频率/Hz	平面振动模态数	谐振振动模态数	频率/Hz
1	12	5227	2	23	15680

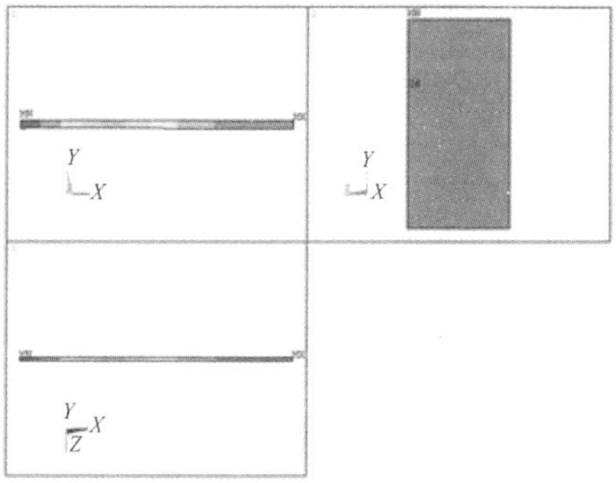

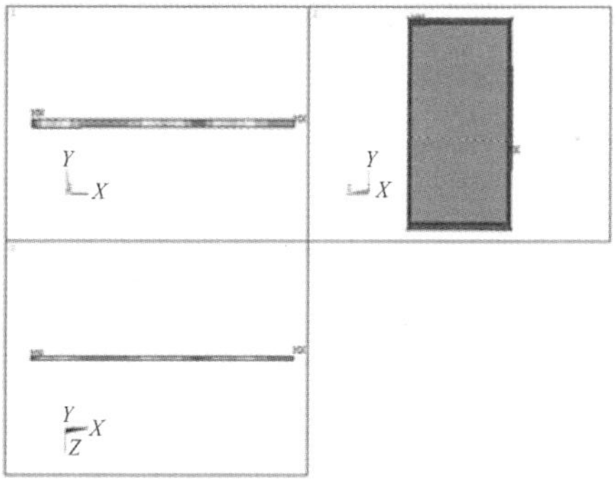

对整体模型的谐振模态分析表明，OXY 平面的谐振振动模态分别为 2、4、7、10、13、17、19 和 22。OZX 平面内的振动模态为 1、3、5、6、9、11、14、16、18、21、24 和 26。振动的扭转振动模态是 8、15、20 和 25，纵向模态是 12 和 23。因此，在寻找缺陷存在的判据时，可以分别考虑模型不同平面和轴的振动形式。

为了分析单一缺陷悬臂振动的前 26 阶谐振模态变化的灵敏度，我们研究了缺陷在不同位置$\overline{L}_c=\{0.05;0.15;0.25;0.35;0.45;0.55;0.65;0.75;0.85;0.95\}$处的固有频率随缺陷尺寸$\bar{t}=0.9$的动态变化。频率的相对变化 $\Delta\omega_p(\bar{t})$ 由式（6.9）计算：

$$\Delta\omega_p(\bar{t})=\frac{\omega_p^i-\omega_p^o}{\omega_p^0}\times100\% \tag{6.9}$$

式中：ω_p^0和 ω_p^i分别为缺陷处和缺陷模型的固有频率。

在 OXY、OZX、扭转和纵向振动形式中，相对于 OX 轴的不同横向模态的相对频率变化的图形解释取决于缺陷的位置，如图 6.6~图 6.9 所示。图 6.6~图 6.9 显示了在 OXY（垂直）、OZX（水平）、扭转和纵向振动形式中，相对于 OX 轴的不同横向模态的相对频率随缺陷位置的不同而变化。

对频率相对变化的数据分析，得出这样的结论：对于大多数模态，频率的相对变化不超过 10%。OXY 平面（2,4,10,19,22）、OZX 平面（1,6,25）、扭转振动形式（8,15）和纵向振动形式（12）中的振动形式对缺陷不同位置的频率变化高度灵敏。

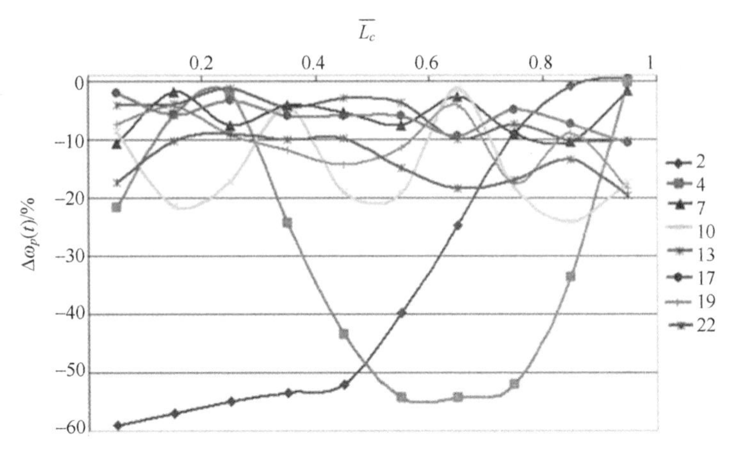

图 6.6　不同缺陷位置$\overline{L}_c$在相对幅度$\bar{t}=0.9$时 *OXY* 平面中振动模态的相对频率变化 $\Delta\omega_p(\bar{t})$图

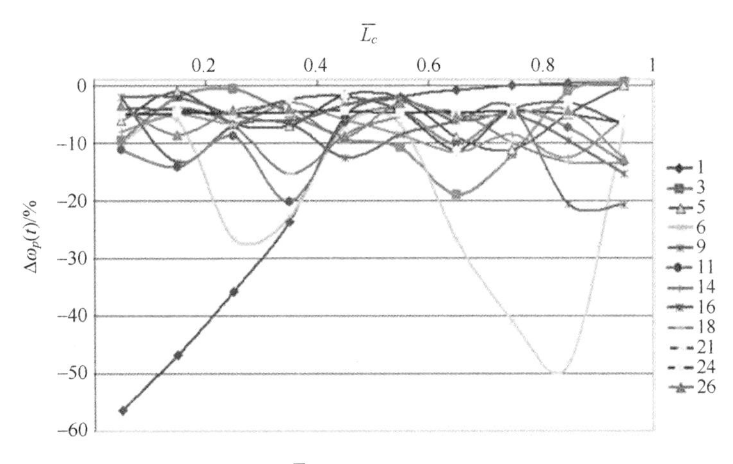

图 6.7　不同缺陷位置$\overline{L}_c$在相对幅度$\bar{t}=0.9$的 *OZX* 平面中的振动模态的相对频率变化 $\Delta\omega_p(\bar{t})$图

通过识别模型中的缺陷来考虑确定上述模态的灵敏度问题，考虑到最危险的区域之一是夹紧区域。当缺陷（缺口）位于夹紧位点附近时（$\overline{L}_c=0.05$），对于不同的缺陷值$\bar{t}=\{0.1;0.3;0.6;0.9\}$，可得到固有频率 $\omega_p(\bar{t})$以及它们的相对值 $\Delta\omega_p(\bar{t})$。

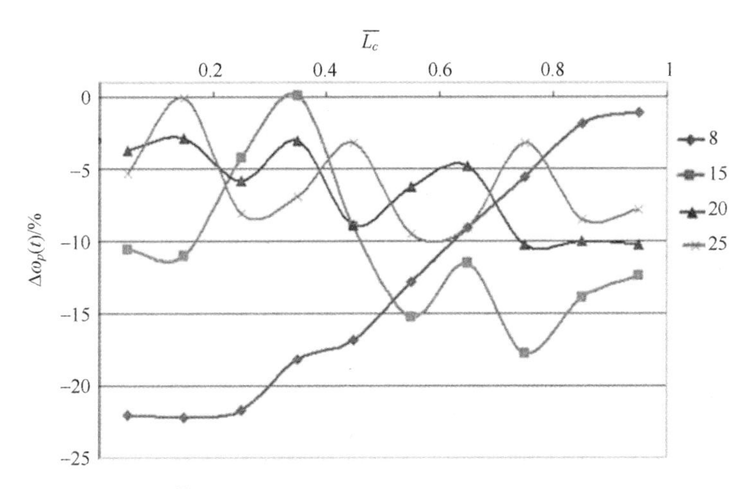

图 6.8 不同缺陷位置$\overline{L}_c$在相对幅度$\bar{t}=0.9$的扭转振动模态的相对频率变化 $\Delta\omega_p(\bar{t})$图

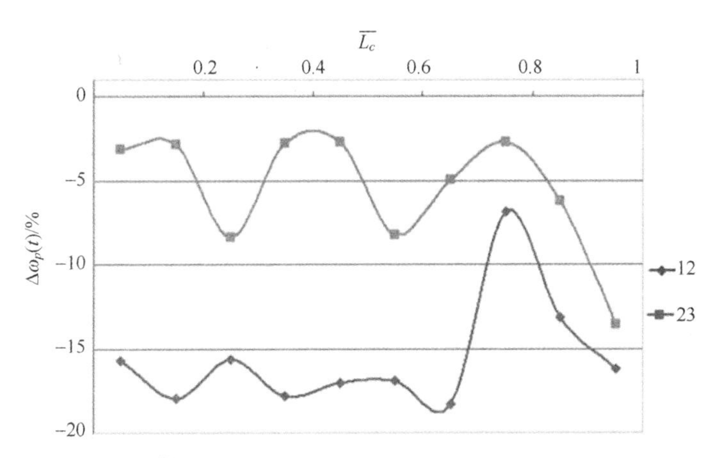

图 6.9 不同缺陷位置$\overline{L}_c$在相对幅度$\bar{t}=0.9$的扭转振动模态的相对频率变化 $\Delta\omega_p(\bar{t})$图

图 6.10 为在缺口位置$\overline{L}_c=0.05$处，改变缺陷尺寸$\bar{t}$的前七阶固有频率 $\omega_p(\bar{t})$的曲线图。此外，图 6.11 显示了在悬臂梁的前 26 阶谐振模态中，最敏感振型缺陷尺寸的相对频率变化曲线图。

对于给定的切口位置，对悬臂梁中的缺陷最敏感的振动模态是 1、2、4、8、12 和 22。识别缺陷存在的判据是缺陷尺寸为 0.6 时，第一个振动模态发生急剧变化。在这个缺陷尺寸之前，一阶振动模态的相对频率变化小于 2.5%。

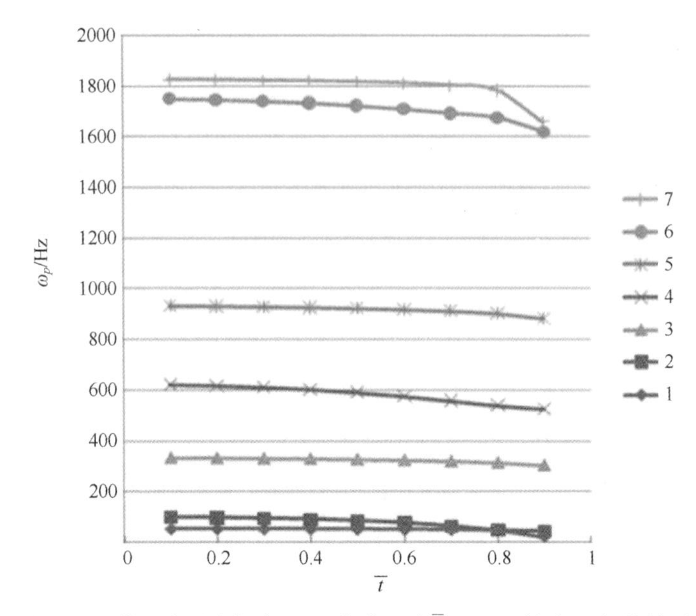

图 6.10　前七阶固有频率 $\omega_p(\bar{t})$ 与位置在 $\bar{L}_c=0.05$ 缺陷尺寸 $\bar{t}$ 的关系

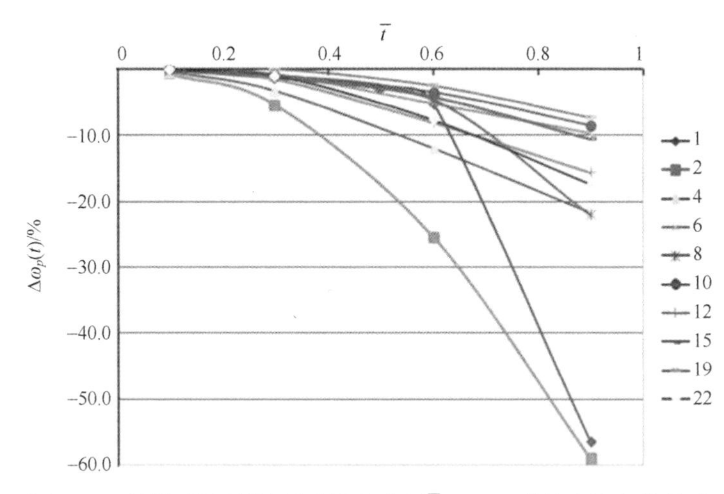

图 6.11　最敏感振型的固有频率与位置 $\bar{L}_c=0.05$ 的缺陷尺寸 $\bar{t}$ 的关系

对问题解决方案的分析表明：通过寻找缺陷测试标准，我们根据缺陷大小及其位置分别考虑了 26 种振动模态。对频率相对变化数据的分析表明，振动模态在 *OXY* 平面（2,4,10,19,22），在 *OZX* 平面(1,6,25)，对于扭转(8,15)和纵向振动（12）形式在缺陷的不同位置具有 10%～60%范围内的频率变化。同时，对于 16 种振动模态，频率的相对变化不超过 10%。当缺陷（缺口）位于夹点附近时（$\overline{L}_c = 0.05$），对于不同的切割值，对于给定的缺口位置，对缺陷尺寸最敏感的振动模态是模态 1、2 和 4。

6.2.3　不同缺口有限元悬臂模型的振动模态参数与应力-应变状态对比

通过使用简化模型对结构进行建模，出现了各种振动参数对杆结构横截面中的缺口形状的相关性问题。缺陷位于杆的长度方向上，其轴线垂直于杆的主轴，并且从一侧和两侧开口。该研究根据缺口类型定义了振动参数。

所研究的带缺口的悬臂梁，如图 6.12 所示。杆的尺寸：$L \times h \times a = 0.250\text{m} \times 0.008\text{m} \times 0.004\text{m}$。假设切口宽度为 $b = 1\text{mm}$，切口的一侧或两侧（h_1, h_2）的不同尺寸的分布与水平轴上的坐标 $L_d = 0.0625\text{m}$（相对尺寸）在同一点（缺口位置与杆长度的关系 $\overline{L}_d = L_d / L = 0.25$）。接下来，引入一个无量纲坐标 $\overline{x} = x/L$。

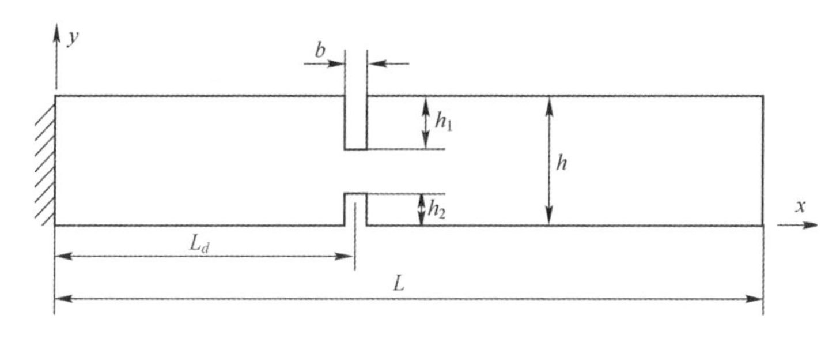

图 6.12　带缺口的悬臂梁

考虑到缺口尺寸的比例特性，将缺口尺寸归一化至杆的总高度：

$$\overline{h}_1 = \frac{h_1}{h} \quad \overline{h}_2 = \frac{h_2}{h} \quad \overline{h} = \overline{h}_1 + \overline{h}_2$$

所研究的切口见表 6.5。

表 6.5　杆缺口的相对值

缺口总长度	缺口的变体			
$\overline{h} = 0.50$	$\overline{h}_1 = 0.25$ $\overline{h}_2 = 0.25$	$\overline{h}_1 = 0$ $\overline{h}_2 = 0.50$	$\overline{h}_1 = 0.10$ $\overline{h}_2 = 0.40$	$\overline{h}_1 = 0.20$ $\overline{h}_2 = 0.30$
$\overline{h} = 0.70$	$\overline{h}_1 = 0.35$ $\overline{h}_2 = 0.35$	$\overline{h}_1 = 0$ $\overline{h}_2 = 0.70$	$\overline{h}_1 = 0.10$ $\overline{h}_2 = 0.60$	$\overline{h}_1 = 0.20$ $\overline{h}_2 = 0.50$

采用有限元 ANSYS 软件进行仿真。3D 模型整体应用三维单元 Solid 92。初步分析了不同尺寸的有限单元在整个杆和切口附近的固有频率变化。在有限元编码的情况下，有限单元尺寸的选择应确保固有频率的误差最小。模型沿长度划分节点的比例为杆长度的 1/30。杆的高度和宽度按面相应尺寸的1/3 划分节点 [图 6.13 (a)]。缺口处的有限元网格加密 [图 6.13 (b)]。

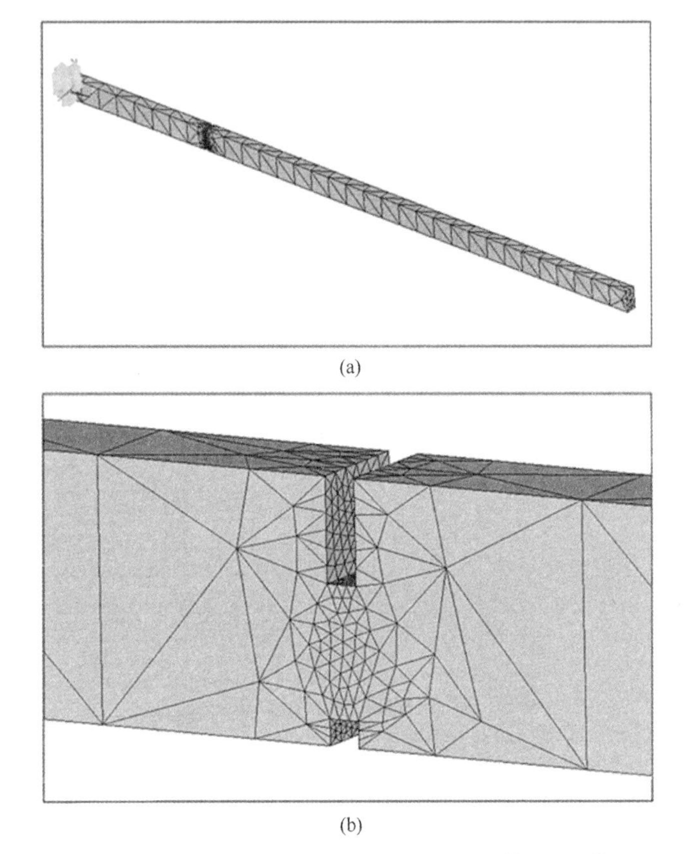

图 6.13 (a) 杆模型和 (b) 带两个缺口缺陷 ($\bar{h}_1=0.4,\bar{h}_2=0.1$) 杆模型的有限元划分示例

对杆的有限元模型的振动参数进行了模态计算。考虑了带缺陷（位于$\bar{L}_d=0.25$）的悬臂梁有限元模型的振动形式和固有频率。图 6.14 为缺陷附近有限元模型的最大刚度平面（垂直平面）中第一模态的横向振动曲线。表 6.6 和表 6.7 为模型在最大刚度平面内横向振动的第一模态的固有频率、振动的条件振幅以及在不同的缺口位置点处的“拐点”振动形状的角度变体 ($\bar{h}_1,\bar{h}_2$)。

这些参数与相对于杆的水平轴对称的缺陷位置进行比较。对所得谐振参数的分析表明，单侧缺口的固有频率、振动幅度和拐点振动形式的角度在缺口尺寸$\bar{h}=0.5(\bar{h}_1=0,\bar{h}_2=0.5)$和$\bar{h}=0.7(\bar{h}_1=0,\bar{h}_2=0.7)$时偏差最大。图6.14中缺口位置点处振幅的相对偏差（表6.6和表6.7），在其一阶振动模态曲线上相应的表现为“拐点”，缺口尺寸$\bar{h}_1=0.5$和0.7时，分别等于-6.5%和-17.3%。对于缺口尺寸$\bar{h}=0.5$和$\bar{h}=0.7$，杆的第一阶振动模态（表6.6和表6.7）的固有频率的相对偏差分别为-3.27%和-7.44%。对于缺口尺寸$\bar{h}=0.5$和$\bar{h}=0.7$，第一阶模态的振动形状曲线“拐点”角度的相对偏差分别为-0.61%和-1.64%。

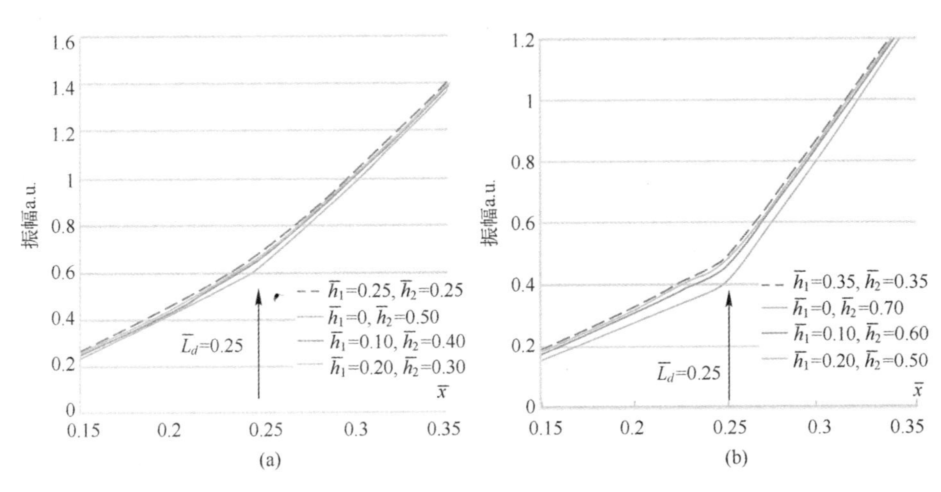

图6.14　模型在缺陷附近刚度最大的平面上横向振动的第一模态形式对应的尺寸：(a) $\bar{h}=0.5$，(b) $\bar{h}=0.7$

表6.6　总缺口长度$\bar{h}=0.5$的缺口位置处“拐点”一阶振型的固有频率、条件振幅和角度及其与缺口情况的相对偏差（$\bar{h}_1=0.25,\bar{h}_2=0.25$）

振动特性	杆槽尺寸						
	$\bar{h}_1=0.25$ $\bar{h}_2=0.25$	$\bar{h}_1=0$ $\bar{h}_2=0.50$	Δ/%	$\bar{h}_1=0.10$ $\bar{h}_2=0.40$	Δ/%	$\bar{h}_1=0.20$ $\bar{h}_2=0.30$	Δ/%
固有频率ω_1/Hz	100.900	97.600	-3.27	100.100	-0.80	100.700	-0.16
条件振幅	0.680	0.636	-6.50	0.669	-1.70	0.678	-0.40
“拐点”角度/(°)	176.800	175.700	-0.60	176.500	-0.17	176.700	-0.05

表 6.7　总缺口长度$\bar{h}$=0.7 的固有频率、条件振幅、在缺口位置的“拐点”第一振型的角度以及它们与缺口情况的相对偏差（$\bar{h}_1$=0.35,$\bar{h}_2$=0.35）

振动特性	杆槽尺寸					
	$\bar{h}_1$=0.35 $\bar{h}_2$=0.35	$\bar{h}_1$=0 $\bar{h}_2$=0.70	Δ/%	$\bar{h}_1$=0.10 $\bar{h}_2$=0.60	Δ/%	$\bar{h}_1$=0.20 $\bar{h}_2$=0.50	Δ/%
固有频率 ω_1/Hz	84.810	78.500	-7.44	83.190	-1.92	84.830	0.02
条件振幅	0.480	0.411	-14.30	0.462	-3.80	0.480	0.01
“拐点”角度/(°)	171.100	168.300	-1.64	170.300	-0.46	170.900	-0.12

表 6.8 和 6.9 显示了计算得到的不同尺寸缺口的悬臂梁前 10 阶振动的谐振，以及它们与缺口相对于杆的水平轴对称分布情况的相对偏差（$\bar{h}_1$=0.25，$\bar{h}_2$=0.25 和$\bar{h}_1$=0.35，$\bar{h}_2$=0.35）。分析表明，在模拟单侧缺口时，缺口为$\bar{h}_1$=0，$\bar{h}_2$=0.50 和$\bar{h}_1$=0，$\bar{h}_2$=0.70 时频率偏差最大。在这个例子中，杆中点的切口变化产生最大偏差，整个频谱模拟的是单侧切口情况。

表 6.8　缺口尺寸$\bar{h}$=0.5，位于$\bar{L}_d$=0.25 的 FE 杆模型的不同情况下前 10 阶谐振的固有频率及其与缺陷沿杆的水平轴对称分布的杆的相对偏差（$\bar{h}_1$=0.25,$\bar{h}_2$=0.25）

模　态	杆缺口尺寸					
	$\bar{h}_1$=0.25 $\bar{h}_2$=0.25	$\bar{h}_1$=0 $\bar{h}_2$=0.50	Δ/%	$\bar{h}_1$=0.10 $\bar{h}_2$=0.40	Δ/%	$\bar{h}_1$=0.20 $\bar{h}_2$=0.30	Δ/%
i	ω_1/Hz	ω_1/Hz	—	ω_1/Hz	—	ω_1/Hz	—
1	53.4	53.0	-0.64	53.3	-0.18	53.4	-0.02
2	100.9	97.6	-3.27	100.1	-0.80	100.7	-0.16
3	338.9	338.8	-0.04	338.9	-0.01	338.9	0
4	672.9	671.9	-0.14	672.7	-0.04	672.9	-0.01
5	941.0	936.5	-0.48	939.7	-0.14	940.9	-0.01
6	1790.5	1751.1	-2.20	1780.4	-0.56	1788.5	-0.11
7	1841.3	1831.5	-0.53	1838.2	-0.17	1840.5	-0.03
8	2500.9	2467.8	-1.32	2490.1	-0.43	2499.3	-0.06
9	3063.4	3057.9	-0.15	3061.1	-0.04	3061.8	-0.02
10	3486.8	3407.7	-2.27	3464.1	-0.65	3482.7	-0.12

表 6.9 对于 FE 杆模型，位于$\overline{L}_d=0.25$的缺口尺寸为$\overline{h}=0.70$的不同情况下前 10 阶谐振的固有频率及其与相对于杆的水平轴对称分布($\overline{h}_1=0.35,\overline{h}_2=0.35$) 缺陷杆相比的相对偏差

模 态	杆缺口尺寸						
	$\overline{h}_1=0.25$ $\overline{h}_2=0.25$	$\overline{h}_1=0.00$ $\overline{h}_2=0.70$	Δ/%	$\overline{h}_1=0.10$ $\overline{h}_2=0.60$	Δ/%	$\overline{h}_1=0.20$ $\overline{h}_2=0.50$	Δ/%
i	ω_1/Hz	ω_1/Hz	—	ω_1/Hz	—	ω_1/Hz	—
1	52.5	51.8	-1.37	52.3	-0.53	52.5	-0.10
2	84.8	78.5	-7.44	83.2	-1.92	84.8	0.02
3	338.7	338.4	-0.10	338.6	-0.04	338.7	-0.01
4	668.9	667.2	-0.27	668.4	-0.08	668.9	-0.01
5	930.7	921.4	-1.00	927.1	-0.39	930.1	-0.07
6	1637.0	1573.4	-3.89	1615.9	-1.29	1634.1	-0.18
7	1820.2	1802.5	-0.97	1813.4	-0.37	1819.0	-0.07
8	2425.9	2340.0	-3.54	2391.9	-1.40	2418.0	-0.33
9	3055.7	3047.8	-0.26	3052.7	-0.10	3055.2	-0.02
10	3287.9	3136.0	-4.62	3220.1	-2.06	3268.9	-0.58

当$\overline{h}=0.30$，位置在$\overline{L}_d=0.25$处的缺口不对称时，分析了第一固有频率对缺口宽度的相关性。表 6.10 给出了在 $b=0\sim0.001$m 范围内，缺口宽度变化时第一阶固有频率的计算结果。

表 6.10 第一固有频率及其随缺口尺寸的变化

编 号	缺口宽度 b/m	第一频率 ω_1/Hz	频率变化/$\Delta\omega_1$/%
1	0	105.46	0
2	0.0003	105.26	-0.19
3	0.0007	105.07	-0.37
4	0.0010	104.87	-0.56

分析了第一阶固有频率 ω_1 随其位置$\overline{L}_d=0.25$处的缺口尺寸 b 的变化，结果表明，当缺口宽度 $b=0$ 变为 $b=0.001$m 时，杆的固有频率降低 0.56%。

为了比较$\bar{L}_d=0.25$处不同缺陷的应力–应变状态特性，用 ANSYS 软件计算试样在静态加载时的应力–应变状态。加载由位于杆自由端的单一载荷建模，与 OY 轴同轴。缺口附近杆的应力–应变状态计算结果如图 6.15 所示。

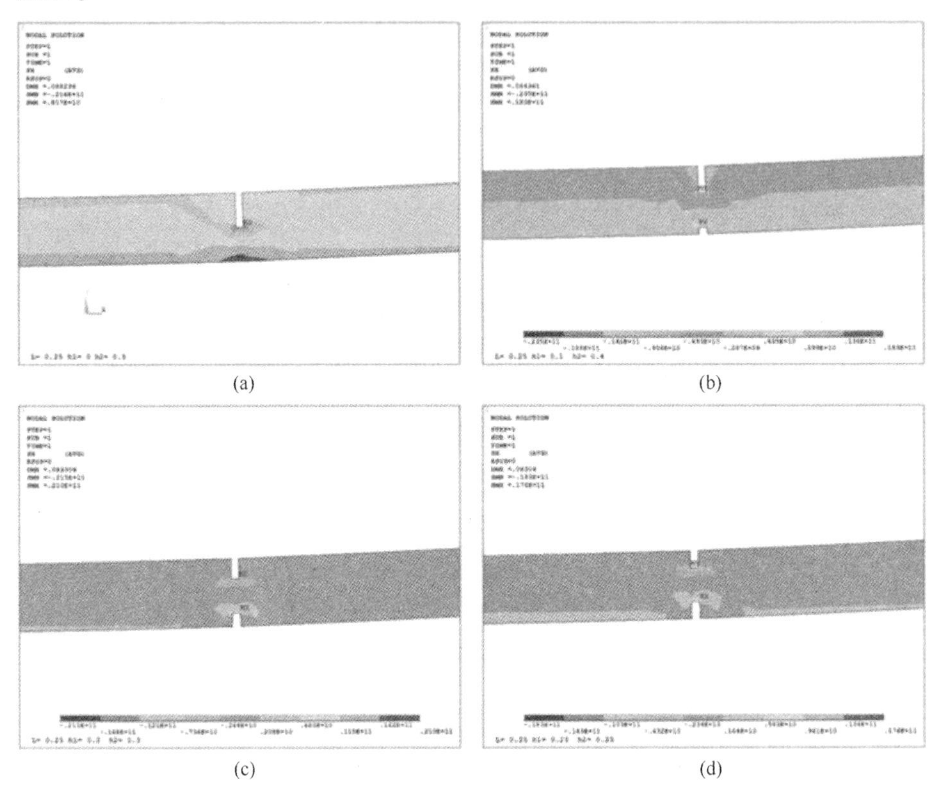

图 6.15　不同尺寸的缺口缺陷附近杆的应力状态

(a) $\bar{h}_1=0.00$, $\bar{h}_2=0.50$；(b) $\bar{h}_1=0.10$, $\bar{h}_2=0.40$；(c) $\bar{h}_1=0.20$, $\bar{h}_2=0.30$；(d) $\bar{h}_1=0.25$, $\bar{h}_2=0.25$。

对带有单侧切口和双侧切口缺陷的全杆的应力–应变状态分析表明，在两种尺寸杆高范围内，缺陷位置附近的应力状态与主梁的应力状态不同。与杆的整个长度相比，带有缺陷的区域很小。

由此，在对单侧带有缺口（$\bar{L}_d=0.25$）和缺口对称分布的杆模型进行模拟后发现，当$\bar{h}=0.5$，$\bar{h}=0.7$时，所有 10 个最大偏差的固有频率均出现在单侧缺口的情况下。对一阶振型对比分析表明，缺口处振动幅度的最大偏差发生在单侧缺口情况下。在$\bar{h}=0.5$时，$\Delta A=6.5\%$；在$\bar{h}=0.7$时，$\Delta A=14.3\%$；

振动曲线“拐点”角度的最大偏差：在$\bar{h}=0.5$时，$\Delta\alpha=-0.6\%$；在$\bar{h}=0.7$时，$\Delta\alpha=-1.64\%$。

通过对$\bar{L}_d=0.25$处的不同缺口进行分析，发现静载荷作用下应力状态和振型参数仅在缺陷处附近存在差异。在这种情况下，固有频率与杆中部缺陷位置的情况存在微小偏差，因此可用简化的梁模型计算振动参数。

假设在缺陷附近无法满足欧拉-伯努利理论的假设，有必要通过将缺陷建模为单独的等效单元来考虑该区域。例如，具有抗弯刚度的弹性弹簧。

6.3　基于解析建模的有缺陷悬臂梁振动参数分析

6.3.1　欧拉-伯努利模型中悬臂杆缺陷的识别

假设一个悬臂杆由一种均质材料组成，具有裂纹或缺口形式的缺陷，在弯曲振动时会张开。本节提出了一种基于简化等效模型（由基本连杆组成）的整体杆缺陷识别过程的方法。

所考虑的系统如图6.16所示，其为一个悬臂杆，横截面为矩形，高度为h，宽度为b。在杆中，有一个缺口缺陷，位于距离夹紧位置L_c处。缺陷的形式被认为是张开的。缺陷位于杆的横截面上，垂直于其主轴。

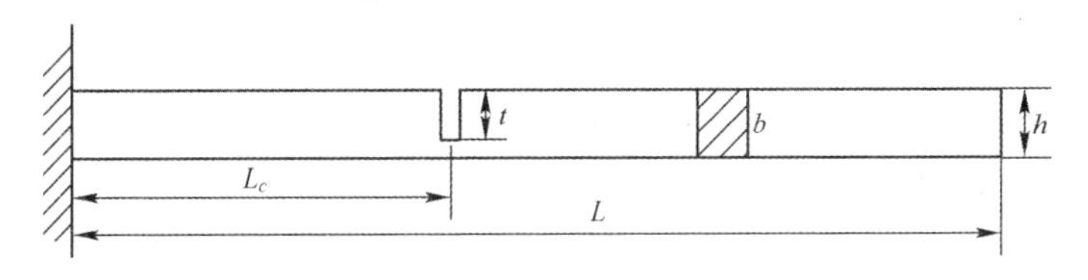

图6.16　有缺陷（缺口）的悬臂梁

用于计算的物理简化等效模型是组合梁。由于缺口（裂纹）的尺寸有限，缺陷杆的模型可以表示为在损伤截面上带有弹性元件的模型，弯曲刚度系数为K_t（图6.17）。

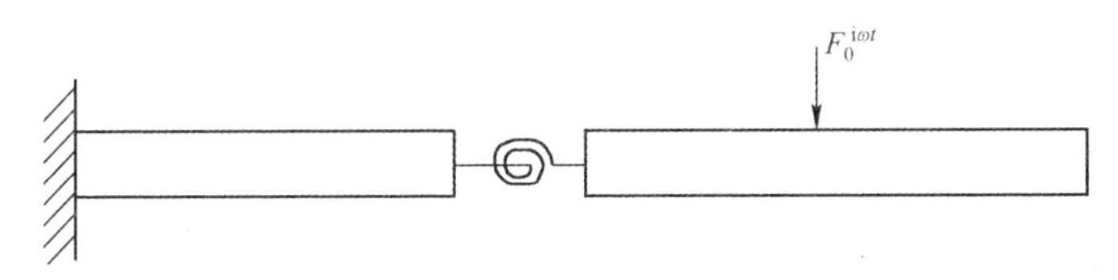

图6.17　带弹性单元的悬臂模型

杆单元加载有谐波力 $F_0e^{i\omega t}$，其中 F_0 为力幅值，ω 为振动频率，t 为时间。在这种情况下，系统大致分为三部分（图 6.18）：收缩-弹性单元；弹性单元-施力点；施力点-杆的自由边缘。

让我们在欧拉-伯努利模型的框架下考虑强迫振动的微分方程：

$$\frac{\partial^2}{\partial x^2}\left[EJ(x)\frac{\partial^2 u_i}{\partial x}\right]-m(x)\frac{\partial^2 u_i}{\partial t^2}+F(t)\delta(x-L_F)+p(x,t)=0 \tag{6.10}$$

式中：$u_i(x,t), i=1,2,3$ 为梁轴各点的位移，下标表示梁的截面编号，如图 6.18 所示；E 为弹性模量；$J(x)$ 为截面的转动惯量；$m(x)$ 为线密度；$F(t)\delta(x-L_F)$ 为施加在某一点上的力；L_F；$p(x,t)$ 为分布式负载。

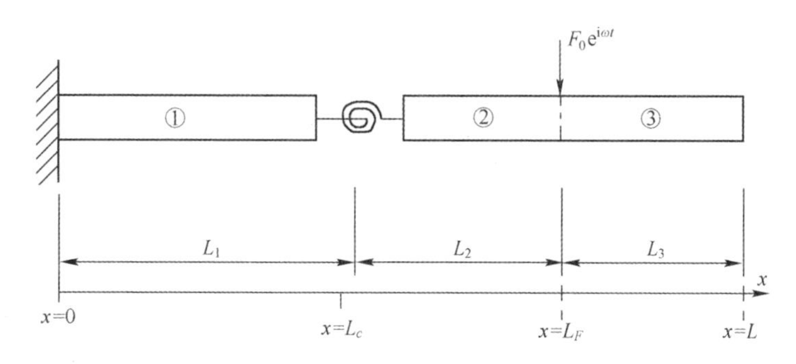

图 6.18　带弹性单元的杆系统分段

复合结构的边界条件具有以下形式：

$$x=0$$
$$u_1(0)=0$$
$$u_1'(0)=0$$
$$x=L_c$$
$$u_1(L_c)=u_2(L_c)$$
$$u_1''(L_c)=u_2''(L_c)$$
$$u_1'''(L_c)=u_2'''(L_c)$$
$$-EJu_1''(L_c)=K_t[u_1'(L_c)u_2'(L_c)] \tag{6.11}$$

式中：K_t是弹性单元的刚度。

当 $x=L_F$时，

$$u_2(L_F)=u_3(L_F)$$
$$u_2'(L_F)=u_3'(L_F)$$
$$u_2''(L_F)=u_3''(L_F)$$

$$u_2'''(L_F)-u_3'''(L_F)=F_0/EJ$$

当 $x=L$ 时，

$$u_3''(L)=0$$

$$u_3'''(L)=0$$

按以下形式找到所有解：

$$u_i(x,t)=\sum_{k=1}^{\infty}u_i(x)F_0\mathrm{e}^{\mathrm{i}\omega t} \tag{6.12}$$

并有

$$\frac{\mathrm{d}^4u_i(x)}{\mathrm{d}x^4}-\lambda_B^4u_i(x)=0 \tag{6.13}$$

式中：因子 $\lambda_B^4=\omega^2\rho Al^4/(EJ)$；$\omega$ 为振动的角频率；ρ 为材料的密度；$A=bh$ 为杆的横截面平方；l 为杆相应截面的长度；$J=\dfrac{bh^3}{12}$为截面的转动惯量。

在没有分布载荷和常数 J 和 m 的情况下，式（6.13）的解用 Krylov 函数 $K_i(\lambda_Bx),i=1,2,3,4$ 表示，可写为

$$u_i(x)=C_{i1}K_1(\lambda_Bx)+C_{i2}K_2(\lambda_Bx)+C_{i3}K_3(\lambda_Bx)+C_{i4}K_4(\lambda_Bx) \tag{6.14}$$

式中：$C_{ij},i=1,2,3;j=1,2,3,4$ 为用边界条件定义的常数；$K_g(\lambda_Bx),g=1,2,3,4$ 为 Krylov 函数：

$$\begin{cases}K_1(\lambda_Bx)=\dfrac{1}{2}[\mathrm{ch}(\lambda_Bx)+\cos(\lambda_Bx)]\\K_2(\lambda_Bx)=\dfrac{1}{2}[\mathrm{sh}(\lambda_Bx)+\sin(\lambda_Bx)]\\K_3(\lambda_Bx)=\dfrac{1}{2}[\mathrm{ch}(\lambda_Bx)-\cos(\lambda_Bx)]\\K_4(\lambda_Bx)=\dfrac{1}{2}[\mathrm{sh}(\lambda_Bx)-\sin(\lambda_Bx)]\end{cases} \tag{6.15}$$

根据弹性单元的位置 L_C和力 F_0，可以提出杆振动的方程组。每个杆段的运动方程如下：

$$\begin{cases}u_1(x)=C_{11}K_1(\lambda_Bx)+C_{12}K_2(\lambda_Bx)+C_{13}K_3(\lambda_Bx)+C_{14}K_4(\lambda_Bx)\\u_2(x)=C_{21}K_1(\lambda_Bx)+C_{22}K_2(\lambda_Bx)+C_{23}K_3(\lambda_Bx)+C_{24}K_4(\lambda_Bx)\\u_3(x)=C_{31}K_1(\lambda_Bx)+C_{32}K_2(\lambda_Bx)+C_{33}K_3(\lambda_Bx)+C_{34}K_4(\lambda_Bx)\end{cases} \tag{6.16}$$

从该方程组的行列式的等式到零找到固有频率：

$$\Delta(\omega_i, K_t, \overline{L}_c) = 0 \quad (i=1,2,\cdots,n) \tag{6.17}$$

为了解决重建弹簧刚度和第一部分的长度（对于给定的杆总长度）的逆问题，选择谐振频谱的一部分作为附加信息。此类数据可以通过实验获得，作为处理具有谐波或非平稳加载缺陷的系统的响应结果。测量固有频率工作过程的模拟是通过使用 ANSYS 软件对作为三维体的有缺陷的杆单元模型进行计算得到的。将式（6.16）代入式（6.11），得到任意常数 $C_{ij}(i=1,2,3;j=1,2,3,4)$ 的 SLAE。

利用方程组（6.17）中的固有频率 ω_i，证明其对弹性单元的刚度（缺陷尺寸）有显著的相关性，克服了求解逆问题的两个主要问题：解的不唯一性和对输入信息中误差的高度敏感性。

6.3.2 解析建模中固有频率对缺陷大小和位置的敏感性分析

接下来研究方程组（6.17）对弹性单元的刚度值的敏感性，以及对矩形截面尺寸为 $L\times h\times a=0.25\text{m}\times0.008\text{m}\times0.004\text{m}$ 的悬臂夹紧杆的自由边缘的力 F_0 位置 $\overline{L}_c$ 的敏感性（图 6.19）。

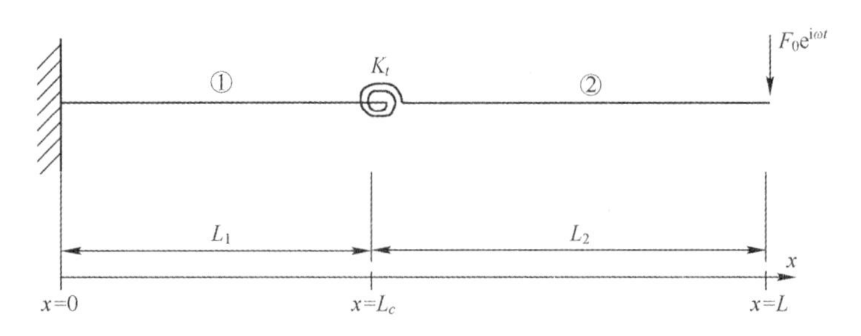

图 6.19 带边界条件的杆方案

引入无量纲坐标 $\overline{x}=x/L$，考虑方程组（6.17）并满足以下条件：

$$\begin{cases} \Delta(\overline{\omega}_i, \overline{K}_t, \overline{L}_c) = 0 \quad (i=1,2,3,4) \\ \overline{K}_t \in [0.01, 0.02, \cdots, 1] \\ \overline{L}_c \in [0.01, 0.02, \cdots, 0.99] \end{cases} \tag{6.18}$$

式中考虑了无量纲参数，弹性单元刚度的归一化值采用 $K_t=50000\text{N}\cdot\text{m/rad}$。对于每种振动模态，振动频率分别归一化为完整的频率。我们考虑了前四阶谐振振动频率。完整模型的振动频率分别计算为：$\omega_1^0=107.8\text{Hz}$；$\omega_2^0=676.8\text{Hz}$；$\omega_3^0=1895\text{Hz}$；$\omega_4^0=3715\text{Hz}$。使用 Maple 软件对给定参数 $\overline{K}_t$ 和 $\overline{L}_c$ 的频

率$\overline{\omega}_i$进行数值测定。计算结果为频率$\overline{\omega}_i=\overline{\omega}_i(\overline{K}_t,\overline{L}_c)$对弹性单元位置$\overline{L}_c$和刚度$\overline{K}_t$的相关性曲面（图 6. 20）。

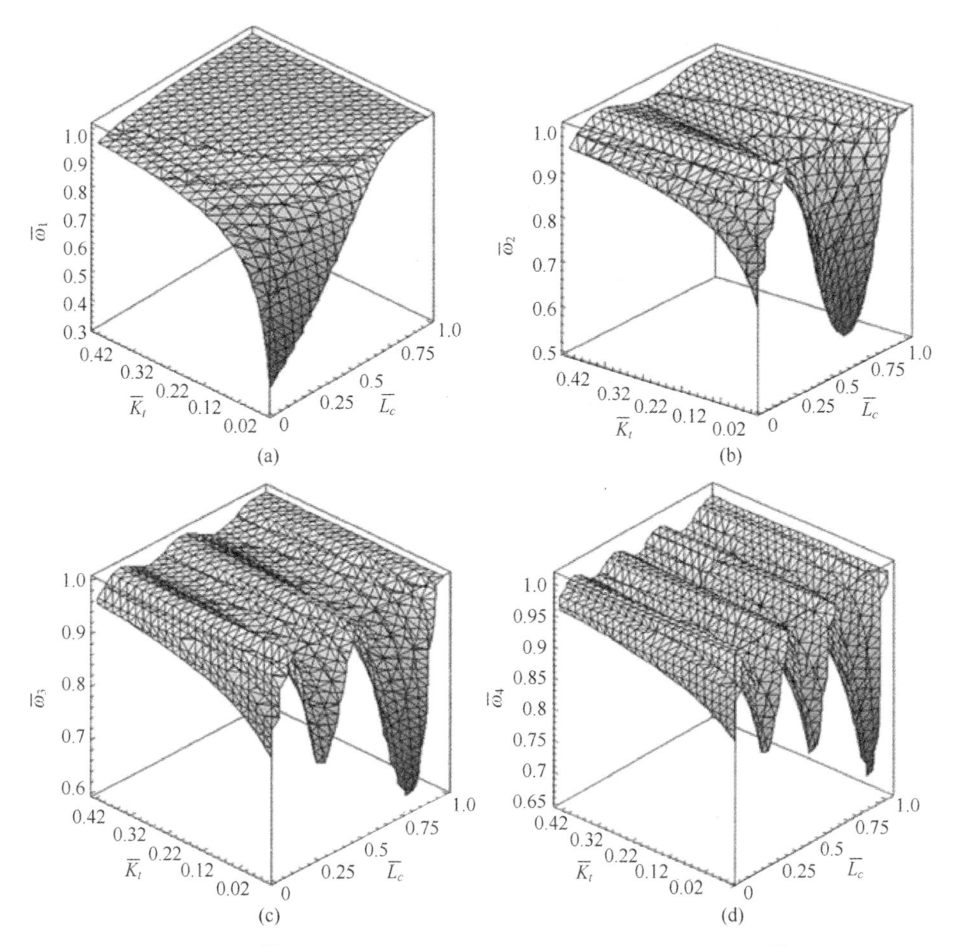

图 6. 20　杆在位置$\overline{L}_c$处横向振动的前四阶固有频率$\overline{\omega}_i$和弹性单元刚度$\overline{K}_t$的变化图

对相关性的分析表明，它们具有复杂的空间特性，频率$\overline{\omega}_i$变化取决于弹性单元的位置$\overline{L}_c$和刚度$\overline{K}_t$。每个位点都有其独特的特点。

为了更详细地分析相关性，让我们按平面考虑这些表面的横截面：$K_t=\{1,250,1000,5000,50000\}$ N · m/rad。

对于弹性单元的不同刚度值 K_t，可以获得前四阶固有频率的图形解释（图 6. 21）。计算结果显示在降低的振动固有频率$\overline{\omega}_i=\omega_i^*(\overline{L}_c,K_{ti})/\omega_1^0$；$i=1,2,3,4$ 的相关性图中；其中 ω_1^0为杆完好时的固有频率。如曲线图（图 6. 21）所示，杆的频率特性$\overline{\omega}_i$对弹性单元$\overline{L}_c$的不同排列方式的敏感性是不同的，并且具有复杂的变化特征。

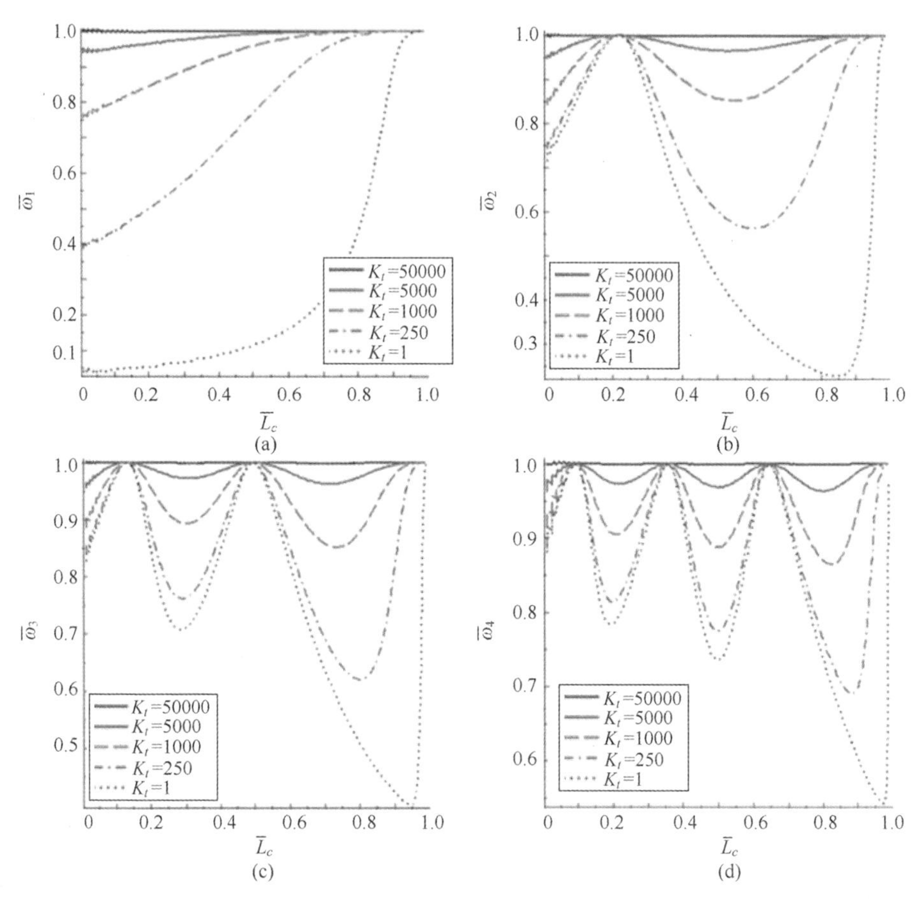

图 6.21　杆的弯曲振动的固有频率$\overline{\omega}_i$的相对变化与弹性单元的位置$\overline{L}_c$和刚度 K_t（单位为 N·m/rad）的相关性：(a)、(b)、(c)、(d) 对应于第一、第二、第三和第四阶固有频率

对四阶固有频率（图 6.21）的频率相关性$\overline{\omega}_i$的分析表明：所研究的振动固有频率与弹性单元的位置$\overline{L}_c$及其刚度系数 K_t有复杂的关系。特别是位置在某些范围内的弹性单元，固有频率的值随着该单元的刚度系数 K_t的减小而减小。一组其他位置的弹性单元，弹性单元的刚度不影响固有频率的值。此外，从频率相关性的性质可以看出，弹性单元的位置$\overline{L}_c$以不同的方式影响不同的固有频率。为了量化这个特征，对这些相关性曲线图进行了处理。处理的结

果见表6.11。

表6.11 弹性单元在各种固有频率下频率变化最大的位置

固有频率序号	弹性单元位置范围$\overline{L}_c$（相应范围内固有频率相对减小的值）			
1	—	0~0.92/(>0.7 $\overline{\omega}_1$)	—	—
2	0~0.06/(0.2 $\overline{\omega}_2$)	—	0.57~0.77/(0.72 $\overline{\omega}_2$)	—
3	0~0.05/(0.15 $\overline{\omega}_3$)	0.28~0.31/(0.29 $\overline{\omega}_3$)	—	0.73~0.92/(0.57 $\overline{\omega}_3$)
4	0~0.03/(0.10 $\overline{\omega}_4$)	0.20~0.23/(0.22 $\overline{\omega}_4$)	0.45~0.55/(0.26 $\overline{\omega}_4$)	0.81~0.95/(0.45 $\overline{\omega}_4$)

在弹性单元存在时，不依赖固有频率的点是振动形式曲线的拐点。由于这些点在不同振型中不重合，因此有必要获得多个频率的信息，以解决缺陷参数重建的逆问题。对表格数据的分析可以揭示频率相关性$\overline{\omega}_i$的许多特征：

（1）固有振荡频率的最大下降发生在弹性单元位置分布的三个独立范围内：首先是非常窄的区间（$\overline{L}_c=0.20\sim0.31$），然后是两个较宽的区间（$\overline{L}_c=0.45\sim0.55$，$\overline{L}_c=0.73\sim0.95$）；在狭窄的范围内，一阶固有频率显著降低（0.93 $\overline{\omega}_1$），三阶和四阶固有频率分别降低了0.29 $\overline{\omega}_3$和0.22 $\overline{\omega}_4$。在第二个宽频区间，第四阶固有频率降低了0.26 $\overline{\omega}_2$。在第三个宽频区间（$\overline{L}_c=0.73\sim0.95$），所有四阶固有频率的值都以不同的值减小。

（2）在杆的固定端附近（在$\overline{L}_c=0.02\sim0.05$），观察到第二阶、第三阶和第四阶固有频率的小幅下降(0.1~0.27 $\overline{\omega}_i$)，而对于第一种状态，频率下降到0.96 $\overline{\omega}_1$。

（3）振动模态曲线上存在“拐点”。在这方面，比较了弹性单元$K_t=10000$N·m/rad和$K_t=10$N·m/rad在其位置$\overline{L}_c=0.25$处的刚度的振动模态。前四阶振动模态的固有频率$\overline{\omega}_i$如表6.12所示。对于$\overline{L}_c=0.20\sim0.31$范围内的给定缺陷，在第一、第三和第四阶模态上清楚地观察到振动形状的“拐点”，而在第二振动模态上则不明显。没有缺陷的杆的振动模态没有这样的“拐点”(图6.22中的实线所示)。

振动模态分析（图6.22）表明，第二阶固有频率的波腹点位于$\overline{L}_{c(2)}=0.48$处，第三阶固有频率的波腹点位于$\overline{L}'_{c(3)}=0.28$和$\overline{L}''_{c(3)}=0.70$处。对于第四阶固有频率，波腹点位于$\overline{L}'_{c(4)}=0.22$,$\overline{L}''_{c(4)}=0.50$,$\overline{L}'''_{c(4)}=0.78$处。

表 6.12　在$\overline{L}_c$=0.25 时具有两个弹性单元刚度的不同振动模态的模型固有频率

弹性单元刚度 K_t/(N·m/rad)	振动模态			
	1	2	3	4
	模型的谐振频率 ω_1/Hz			
10000	107.2	676.2	1875	3672
10	21.3	139.4	1394	3114

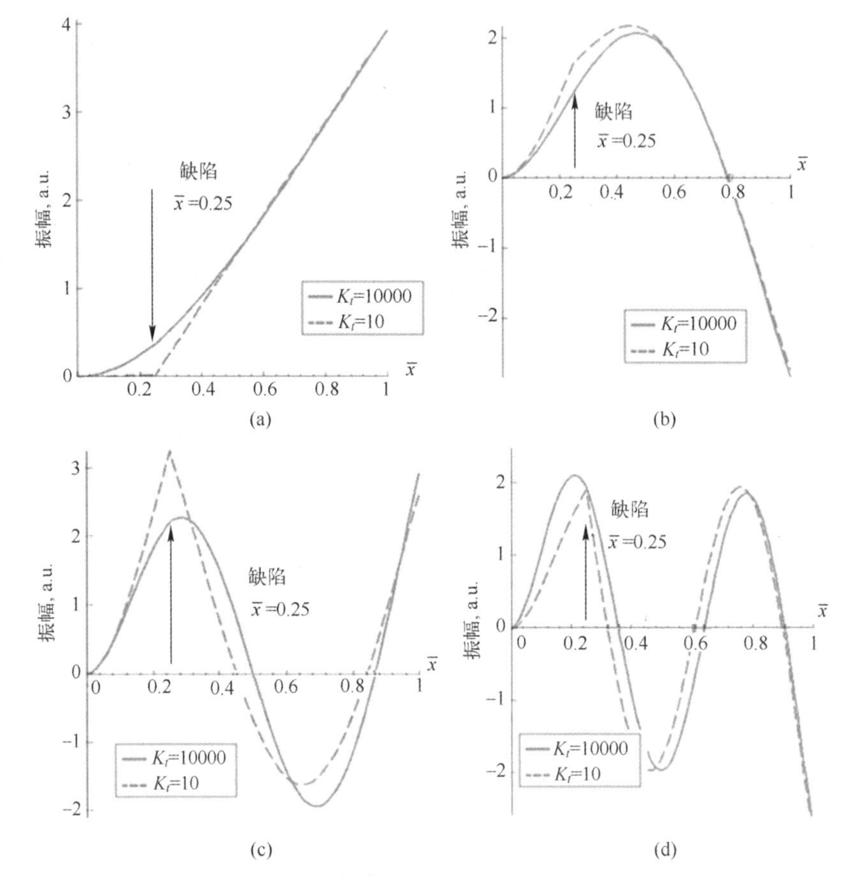

图 6.22　刚度系数 K_t = 10000N·m/rad（条件完好，实线表示）和 K_t = 10N·m/rad（缺陷，虚线）的弹性单元杆的不同振动模态

（a）模态一；（b）模态二；（c）模态三；（d）模态四。

比较$\overline{L}_c$的范围，其中不同振动模态的固有频率显著下降，以及振动形式曲线上存在“拐点”，可以得出结论，固有频率的降低是识别杆的缺陷位置的判据。事实上，在$\overline{L}_c$的第一个狭窄范围内观察到的三阶固有频率的最大变窄

（表6.11）使我们能够制定一个关于确定杆（悬臂）中最危险缺陷的位置的方法的假设。它是基于最大限度地降低其振动的三阶或更多阶固有频率的值。

当频率的灵敏度由弹性单元（弹簧）刚度确定时，不同缺陷位置的平面的截面（图6.20）在方程组（6.17）解中的表示如下：$\overline{L}_c=\{0.05;0.25;0.40;0.80\}$。计算时弹性单元的排列如图6.23所示。这种排列的选择是在$\overline{\omega}_i(\overline{L}_c)$相关性的基础上，考虑对位置$\overline{L}_c$的敏感性的结果。

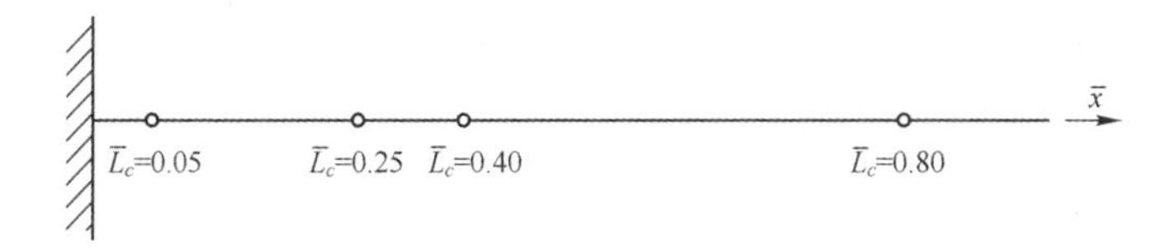

图6.23　沿杆的弹性单元点的排列

图6.24显示了前四阶固有频率$\overline{\omega}_i(i=1,2,3,4)$对弹性单元不同位置$\overline{L}_c$的刚度$K_t$的相关性。相关性分析表明，弹性单元在不同布置下的刚度频率变化

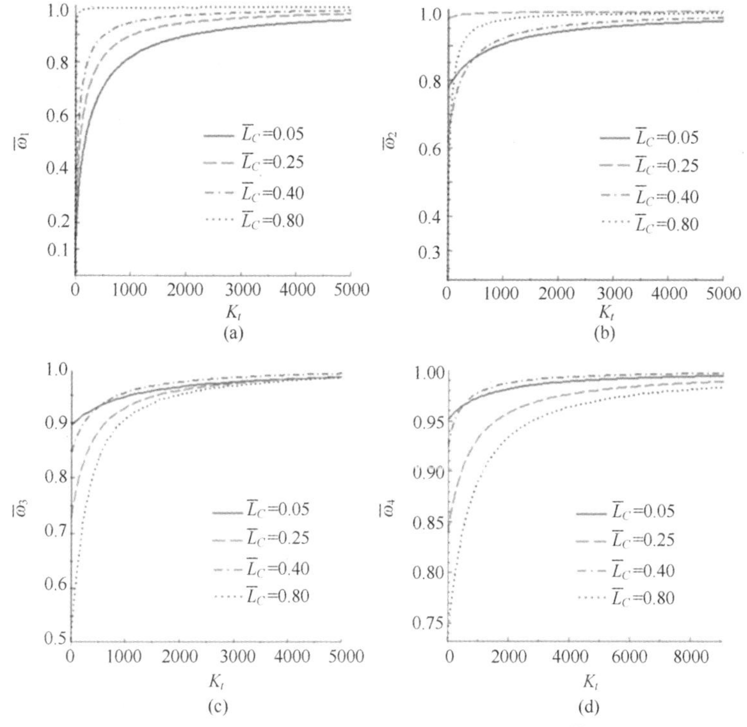

图6.24　弹性单元的刚度K_t（单位：N·m/rad）与不同位置$\overline{L}_c$的固有频率$\overline{\omega}_i$的关系

（a）模态一；（b）模态二；（c）模态三；（d）模态四。

是不同且单调的。在高刚度值 $K_t>2000\text{N}\cdot\text{m/rad}$ 时，即在小缺陷尺寸$\bar{t}$下，频率变化不敏感，第一阶和第二阶模态的频率变化在10%以内，第三阶和第四阶模态的振动在7%以内。

6.4 悬臂梁缺陷的识别方法

在6.3.2节中，我们考虑了寻找固有频率对缺陷刚度 K_t 及其位置$\bar{L}_c$的相关性的直接问题的解决方案。在实践中，有可能以一组固有频率（频谱）的形式获得有关具有缺陷的结构状态的信息。通过使用6.3节中描述的分析模型，可以解决识别缺陷参数的逆问题，即弹性单元的刚度 K_t 值及其位置$\bar{L}_c$。

在本节中，我们介绍了基于杆模型的解析解的缺陷重建方法。

第一步包括确定弹性单元的刚度与缺陷尺寸$\bar{t}$（或损坏部分的惯性矩 I）之间的近似关系。为了评估这种相关性，我们使用ANSYS软件比较了杆的谐振振动的解析解和杆整体模态分析问题的数值解。相关性的构建表达了这些模型的动态等价性。因此，在缺陷位置$\bar{L}_c$、尺寸$\bar{t}$和固有频率 $\omega_i^*(\bar{t})$存在的情况下，通过使用ANSYS软件对受损杆进行建模而获得的一个未知数（弹性单元的刚度 K_t），对式（6.19）的超定系统进行了求解：

$$\Delta(\omega_i^*(\bar{t}),K_t,\bar{L}_c)=0 \quad (i=1,2,3,4) \tag{6.19}$$

第二步包括通过使用弯曲振动的前四阶固有频率 $\omega_i^*(\bar{t})$来求解方程（6.19）关于两个未知数（K_t和$\bar{L}_c$）的矩阵系统。

第三步是使用先前建立的相关性$\bar{t}(K_t)$或$I(K_t)$重新计算损坏部分的缺陷$\bar{t}$或惯性矩 I 的大小。

6.4.1 基于动态等价的有限元模型与解析模型的比较

在解析模型中建立弹性单元刚度参数 K_t 与缺陷尺寸$\bar{t}$以及整体有限元模型损伤截面惯性矩 I 之间的近似关系的问题已经解决了。

为此，现在考虑在存在缺陷位置和杆的固有频率信息的情况下，方程式（6.19）的解。为了得到对单个缺陷的 $K_t=K_t(\bar{t})$的相关性，在该问题中考虑了前四阶固有频率，从实验中可以得到比较准确的结果。在本节中，这个实验被在有限元分析软件ANSYS中的计算取代。计算中考虑了最大刚度平面的振动。

对于缺陷位置及其大小的不同变化，悬臂梁的固有频率谱是在有限元模拟的基础上使用 ANSYS 软件计算的（表 6.13）。然后，在存在位置信息$\overline{L}_c$和频谱 ω_i^* 的情况下，利用 MAPLE 软件，用方程（6.19）求解，确定了弹性单元的刚度 K_t^* 问题。结果如表 6.14 所示。表 6.14 的第 2 列和第 3 列给出了缺陷位置$\overline{L}_c$和缺陷尺寸$\bar{t}$的相应变化，用于使用有限元 ANSYS 软件计算固有频率。弹性单元的计算刚度 K_t^* 的计算值显示在第 4 列中。

表 6.13 横向振动的前四阶固有频率，取决于缺陷的位置$\overline{L}_c$和大小$\bar{t}$

变体序号	缺陷位置 $\overline{L}_c$	缺陷尺寸 $\bar{t}$	固有频率(ω_i^*)基于有限元建模/Hz			
			ω_1^*	ω_2^*	ω_3^*	ω_4^*
1	0.1	0.1	107.3	672	1871	3630
2	0.1	0.3	102	662	1867	3629
3	0.1	0.5	91.5	642	1857	3625
4	0.1	0.7	68	611	1840	3611
5	0.1	0.8	48	594	1830	3571
6	0.1	0.9	22.9	581	1818	3624
7	0.3	0.1	107	673	1866	3626
8	0.3	0.3	105.5	669	1825	3599
9	0.3	0.5	99.7	659	1729	3538
10	0.3	0.7	84	636	1552	3408
11	0.3	0.8	67	615	1457	3298
12	0.3	0.9	37	591	1339	3152
13	0.4	0.1	107	671	1869	3626
14	0.4	0.3	106	658	1847	3601
15	0.4	0.5	102	624	1796	3538
16	0.4	0.7	90	548	1699	3390
17	0.4	0.8	73	488	1611	3245
18	0.4	0.9	40.2	431	1578	3064
19	0.6	0.1	108	671	1868	3627
20	0.6	0.3	107.7	654.2	1840	3610
21	0.6	0.5	106.7	609	1776	3568
22	0.6	0.7	103.1	500.8	1661	3472
23	0.6	0.8	96.7	403.6	1590	3390

续表

变体序号	缺陷位置 $\bar{L}_c$	缺陷尺寸 $\bar{t}$	固有频率(ω_i^*)基于有限元建模/Hz			
			ω_1^*	ω_2^*	ω_3^*	ω_4^*
24	0. 6	0. 9	72. 4	285. 2	1527	3284
25	0. 8	0. 1	108. 3	673	1866	3612
26	0. 8	0. 3	108. 1	669	1825	3499
27	0. 8	0. 5	108	658	1712	3258
28	0. 8	0. 7	107. 9	613	1413	2899
29	0. 8	0. 8	107	528	1170	2742
30	0. 8	0. 9	102	309	987	2643

表 6. 14　基于解析建模的缺陷刚度 K_t^* 计算结果

变体序号	给定参数		逆问题解法（Maple 软件）
	缺陷位置 $\bar{L}_c$	缺陷尺寸 $\bar{t}$	计算刚度 K_t^*(N · m/rad)
1	0. 1	0. 1	9500
2	0. 1	0. 3	3636
3	0. 1	0. 5	1106
4	0. 1	0. 7	283
5	0. 1	0. 8	106
6	0. 1	0. 9	20
7	0. 3	0. 1	9252
8	0. 3	0. 3	3753
9	0. 3	0. 5	1112
10	0. 3	0. 7	303
11	0. 3	0. 8	124
12	0. 3	0. 9	26. 5
13	0. 4	0. 1	8157
14	0. 4	0. 3	3284
15	0. 4	0. 5	1019
16	0. 4	0. 7	277
17	0. 4	0. 8	104
18	0. 4	0. 9	20
19	0. 6	0. 1	8135

续表

变体序号	给定参数		逆问题解法（Maple 软件）
	缺陷位置$\bar{L}_c$	缺陷尺寸$\bar{t}$	计算刚度 K_t^*(N·m/rad)
20	0.6	0.3	2742
21	0.6	0.5	1054
22	0.6	0.7	305
23	0.6	0.8	124
24	0.6	0.9	27.7
25	0.8	0.1	8135
26	0.8	0.3	3514
27	0.8	0.5	1039
28	0.8	0.7	263
29	0.8	0.8	96
30	0.8	0.9	17.7

对于整体模型，弹性单元的不同位置$\bar{L}_c$与缺陷尺寸$\bar{t}$相关的刚度值 K_t^* 如表 6.15 所示。

表 6.15　缺陷尺寸 $\bar{t}$ 与不同刚度 K_t^* 值和弹性单元位置 $\bar{L}_c$的相关性

弹性单元的位置 $\bar{L}_c$	缺陷尺寸 $\bar{t}$					
	0.1	0.3	0.5	0.7	0.8	0.9
	弹性单元的刚度 K_t^*/(N·m/rad)					
0.1	9500	3636	1106	283	106	20
0.3	9252	3753	1112	303	124	25.5
0.4	8157	3284	1019	277	104	20
0.6	8135	2742	1054	305	124	26
0.8	8121	3514	1039	263	96	17.7

为了确定 FE 整体模型中的缺陷尺寸$\bar{t}$与解析模型中弹性单元的刚度 K_t^* 之间的关系，本节进行了相关性分析，同时考虑了缺陷的各个位置$\bar{L}_c$。对相同缺陷尺寸下不同刚度 K_t^* 值的数据分析表明，与 K_t^* 平均计算值的偏差为 5%~21%。最大偏差是通过小刚度 K_t^* 值实现的。

用式（6.20）求近似相关性 $\bar{t}(K_t)$：

$$\bar{t}=a+b(K_t^*)^n \tag{6.20}$$

其中，a、b 和 n 是求得的相关性的值。

使用最小二乘法，得

$$\bar{t}=1.186-0.135(K_t^*)^{0.23} \tag{6.21}$$

相关因子 $R=0.97$。

图6.25也给出了这种相关性的图解解释。该关系图具有单调递减特性。对于缺陷位置 $\bar{L}_c$ 的变化，计算出的缺陷尺寸 $\bar{t}^*$ 的结果见表6.16第4列。确定缺陷值相对于给定值的偏差 $\Delta\bar{t}$ 由式（6.22）计算，并在第5列中显示：

$$\Delta\bar{t}=\frac{(\bar{t}^*-\bar{t})}{\bar{t}100\%} \tag{6.22}$$

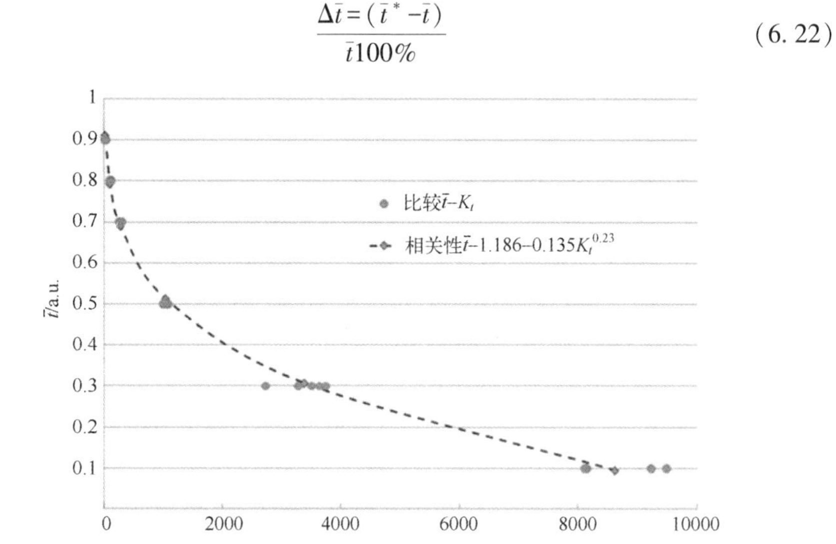

图6.25　沿杆长度方向的不同位置 $\bar{L}_c$，缺陷尺寸 $\bar{t}$ 与弹性单元刚度 K_t^* 之间的相关性

表6.16　不同位置 $\bar{L}_c$ 的计算缺陷尺寸 $\bar{t}$

变体序号	给定缺陷位置 $\bar{L}_c$	给定缺陷尺寸 $\bar{t}$	计算出的缺陷尺寸 $\bar{t}^*$	与给定值的偏差 $\Delta\bar{t}$ /%
3	0.4	0.1	0.11	10.00
5	0.8	0.1	0.11	10.00
8	0.4	0.3	0.31	3.33
10	0.8	0.3	0.31	3.33
12	0.3	0.5	0.51	2.00
16	0.1	0.7	0.69	-1.43

续表

变体序号	给定缺陷位置 $\bar{L}_c$	给定缺陷尺寸 $\bar{t}$	计算出的缺陷尺寸 $\bar{t}^*$	与给定值的偏差 $\Delta\bar{t}$ /%
18	0.4	0.7	0.69	-1.43
21	0.1	0.8	0.79	-1.25
24	0.6	0.8	0.78	-2.50
26	0.1	0.9	0.92	2.22
27	0.3	0.9	0.90	0.00
30	0.8	0.9	0.92	2.22

此外，还发现了整体杆横截面的惯性矩 $I(K_t)$ 与解析模型弹性单元的刚度 K_t 之间的关系。在计算中，考虑了截面相对于通过截面中损坏单元中心的主轴的惯性矩。

对于矩形截面，具有缺口形式缺陷的截面的惯性矩 I，取决于分析模型的弹性单元的刚度 K_t，可以用式（6.23）描述：

$$I(K_t)=\frac{bh^3[1-\bar{t}(K_t)]^3}{12} \tag{6.23}$$

其中，h 和 b 为杆高度和宽度的绝对值。

将式（6.21）代入式（6.23），惯性矩对弹性单元刚度的近似关系可以描述为

$$I(K_t)=\frac{bh^3[0.135K_t^{0.23}-0.186]^3}{12} \tag{6.24}$$

近似相关性曲线的图形解释如图 6.26 所示。相关系数 $R=0.96$。

6.4.2 悬臂梁缺陷参数重构

本节在分析模型的基础上重建缺陷参数，求解了两个未知量（K_t 和 $\bar{L}_c$）的超定方程组（6.19）。在建模过程中用 ANSYS 软件算得的弯曲振动的前四阶固有频率 ω_i^* 作为输入数据使用。这些频率也可以在全尺寸实验中获得，这将在第 7 章中进行描述。

从方程（6.19）中找到未知参数 K_t 和 $\bar{L}_c$的方法之一是解决以下方程组差异最小化的问题：

$$\sum_{i=1}^{k}|\Delta(\omega_i^*,K_t,\bar{L}_c)|\rightarrow \min \quad (i=1,2,\cdots,k) \tag{6.25}$$

在计算中确定弹性单元（缺陷）的位置 $\bar{L}_c$和刚度 K_t 的算例，考虑了缺陷

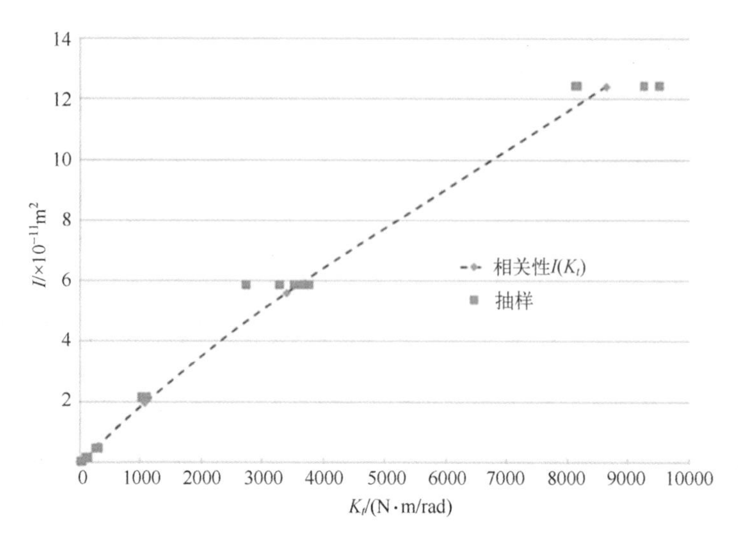

图 6.26 整体模型缺陷截面惯性矩 I 与解析模型中弹性单元刚度 K_t 的关系

尺寸为 $\bar{t}=0.5$ 且其位置 $\bar{L}_c=0.4$ 的模型。前四阶固有频率是基于有限元 ANSYS 软件中的模态分析计算得出的：$\omega_1^*=102\mathrm{Hz}$，$\omega_2^*=624\mathrm{Hz}$，$\omega_3^*=1796\mathrm{Hz}$，$\omega_4^*=3599\mathrm{Hz}$。根据获得的频率，求解方程组（6.19）以确定缺口刚度 K_t 及其位置 $\bar{L}_c$。图 6.27 为之前提出的模型构建的相关性 $\Delta(\omega_i^*,K_t,\bar{L}_c)=0$。

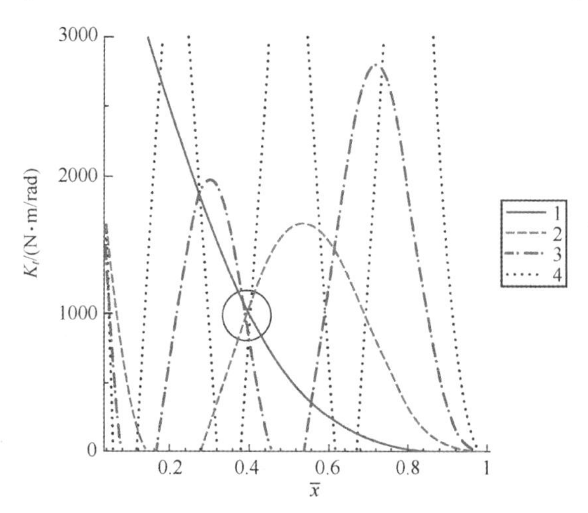

图 6.27 系统频率决定因素：1-$\Delta(\omega_1^*,K_t,\bar{L}_c)=0$；2-$\Delta(\omega_2^*,K_t,\bar{L}_c)=0$；3-$\Delta(\omega_3^*,K_t,\bar{L}_c)=0$；4 -$\Delta(\omega_4^*,K_t,\bar{L}_c)=0$

图 6.27 中圆圈中的点对应于满足所有 4 个频率行列式方程的通解。应该注意的是，在一定程度上可以假设曲线 1、2、3 和 4 的相关性 $K_t(\bar{L}_c)$ 与坐标 $\{K_t=957\text{N}\cdot\text{m/rad},\ \bar{L}_c=0.4\}$ 对应于缺陷（缺口）的位置。使用式（6.21）重新计算弹性单元的刚度，得到缺陷尺寸 $\bar{t}=0.53$，与给定值的偏差等于 6%。

在 6.4.1 节中，刚度参数是在表 6.13 中给出固有频率的输入数据的情况下确定的。这个阶段，通过比较分析和有限元模型来考虑缺陷的位置及其确定中的误差。计算结果见表 6.17。表 6.17 的第 2 列和第 3 列给出了缺陷位置 $\bar{L}_c$ 和缺陷尺寸 $\bar{t}$ 的适当变量，用于在有限元 ANSYS 软件中计算固有频率。所找到的缺陷位置 $\bar{L}_c^*$ 和刚度 K_t^* 的值分别在第 4 列和第 6 列中给出。计算值 $\bar{L}_c^*$ 与给定值 $\bar{L}_c$ 的偏差 $\Delta\bar{L}_c$ 由式（6.26）确定：

$$\Delta L_c=\frac{(\bar{L}_c^*-\bar{L}_c)}{\bar{L}_c}\times 100\% \tag{6.26}$$

通过确定缺陷位置 $\bar{L}_c^*$，偏差达到 12.9%。在刚性高的情况，可以达到最大误差，从而达到缺陷的最小尺寸 $\bar{t}$。

表 6.17 基于解析建模计算缺陷位置 $\bar{L}_c^*$ 和刚度 K_t^* 的结果

变体序号	给定参数		逆问题求解（Maple 软件）		
	缺陷位置 $\bar{L}_c$	缺陷尺寸 $\bar{t}$	计算出的缺陷位置 $\bar{L}_c^*$	误差 $\Delta\bar{L}_c$/%	计算刚度 K_t^*
1	0.1	0.1	0.0940	−0.6	9500
2	0.1	0.3	0.0911	−8.9	3636
3	0.1	0.5	0.0950	−5.0	1106
4	0.1	0.7	0.0970	−3.0	283
5	0.1	0.8	0.0980	−2.0	106
6	0.1	0.9	0.0970	−3.0	20
7	0.3	0.1	0.3340	11.3	9252
8	0.3	0.3	0.3240	8.0	3753
9	0.3	0.5	0.3090	3.0	1112
10	0.3	0.7	0.3030	1.0	303
11	0.3	0.8	0.3030	1.0	124
12	0.3	0.9	0.3030	1.0	26.5
13	0.4	0.1	0.3600	−10.0	8157
14	0.4	0.3	0.3970	−0.8	3284

续表

变体序号	给定参数		逆问题求解（Maple 软件）		
	缺陷位置 $\bar{L}_c$	缺陷尺寸 $\bar{t}$	计算出的缺陷位置 $\bar{L}_c^*$	误差 $\Delta\bar{L}_c/\%$	计算刚度 K_t^*
15	0.4	0.5	0.399	-0.3	1019
16	0.4	0.7	0.402	0.5	277
17	0.4	0.8	0.400	0	104
18	0.4	0.9	0.400	0	20
19	0.6	0.1	0.671	12.9	8135
20	0.6	0.3	0.674	12.3	2742
21	0.6	0.5	0.623	3.8	1054
22	0.6	0.7	0.605	0.8	305
23	0.6	0.8	0.603	0.5	124
24	0.6	0.9	0.600	0	27.7
25	0.8	0.1	0.788	-1.5	8135
26	0.8	0.3	0.768	-4.0	3514
27	0.8	0.5	0.790	-1.3	1039
28	0.8	0.7	0.802	0.3	263
29	0.8	0.8	0.833	4.1	64.9
30	0.8	0.9	0.810	1.3	17.7

6.5 有缺陷悬臂梁谐振模态特征研究

6.5.1 有限元模型和解析模型的振动模态比较

本节中将有限元软件 ANSYS 中数值建模获得的振动形式（6.2 节）与带有弹性单元的杆简化模型的解析计算（6.3.2 节）进行了比较。

本节对缺陷位置 $\bar{L}_c=0.25$ 的模型进行模态计算，分析了具有两种缺陷尺寸（$\bar{t}=0.3$ 和 $\bar{t}=0.7$）的模型。在重新计算时，应用式（6.21），解析模型的弹性单元的抗弯刚度 $K_t(\bar{t})$ 为 $K_t(0.7)=262\text{N}\cdot\text{m/rad}$ 和 $K_t(0.3)=3569\text{N}\cdot\text{m/rad}$。

图 6.28 为横向振动的第一阶(a,b)、第二阶(c,d)、第三阶(e,f)和第四阶(g,h)模态，它们是由有限元分析和分析计算获得的缺陷数量 $\bar{t}=0.3$(a,c,

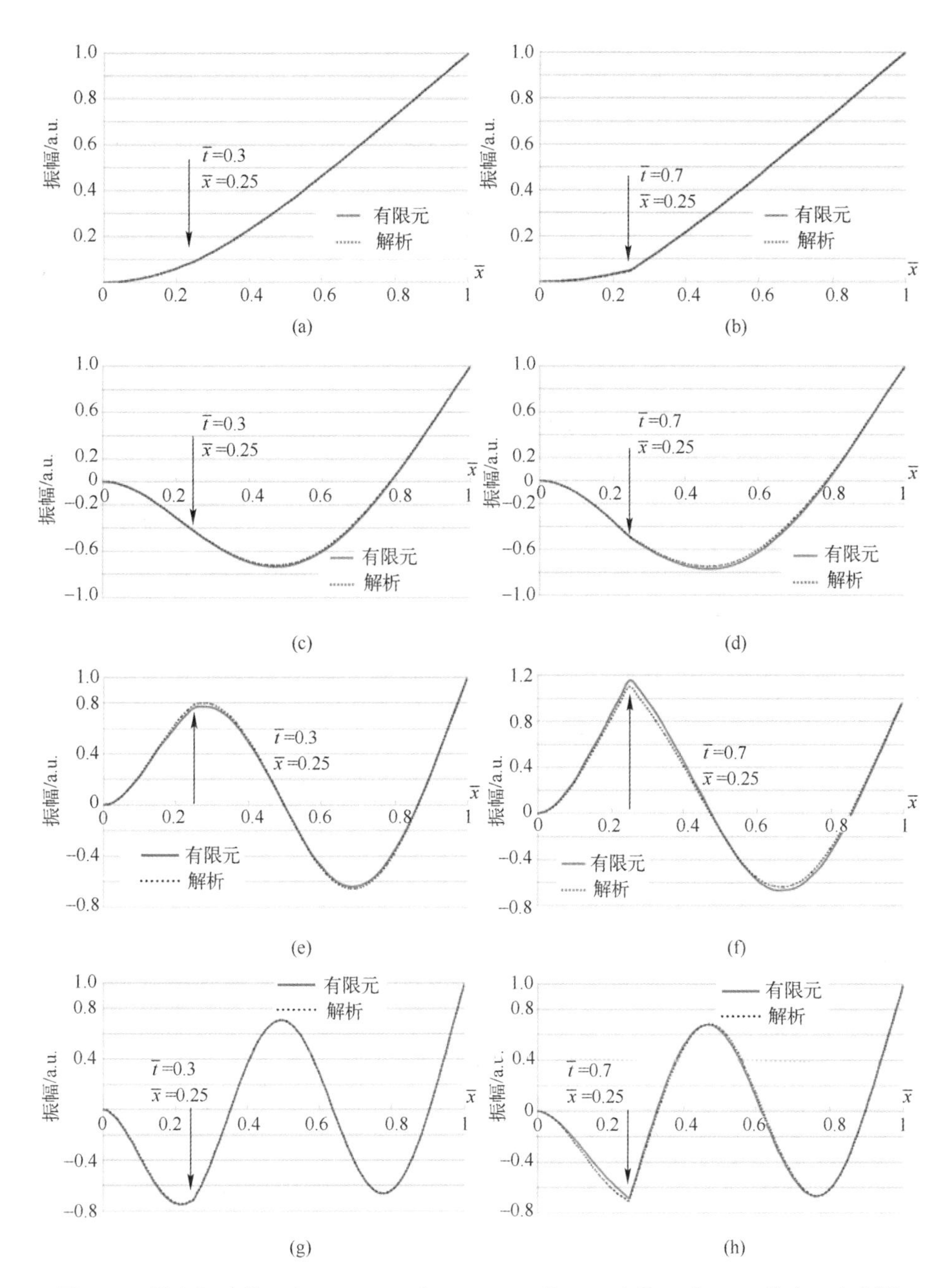

图 6.28　横向振动的一阶(a,b)、二阶(c,d)、三阶(e,f)和第四阶(g,h)模态，在有限元和解析模态计算的结果中获得缺陷尺寸 $\bar{t}$=0.3(a,c,e,g)和 $\bar{t}$=0.7(b,d,f,h)

e,g)和 $\bar{t}=0.7$(b,d,f,h)得到的。为了比较振动形式，将振幅归一化为杆自由边缘 $\bar{x}=1$ 处的振动振幅。

在缺陷位置处，振动形态出现拐点，这在缺陷尺寸 $\bar{t}=0.3$ 的第三阶和第四阶模态以及在缺陷尺寸 $\bar{t}=0.7$ 的所有选定振动模态上都有明显的表现。根据解析计算得到的振动形式与有限元法得到的沿杆长各点的振动形式进行了比较。沿杆长各点的振动形式振幅的相对散度计算如下：

$$\Delta\bar{A}=\frac{|\bar{A}_{an}-\bar{A}_{FE}|}{\bar{A}_{maxFE}}\times 100\% \tag{6.27}$$

振动模态对应曲线的对比分析表明：当沿杆长相应的点比较一阶模态的振幅时，在缺陷尺寸 $\bar{t}=0.3$ 处出现最大的差值 $\Delta\bar{A}_{max}=0.2\%$，在缺陷尺寸 $\bar{t}=0.7$ 处出现最大的差值 $\Delta\bar{A}_{max}=1.2\%$。在这种情况下，最大振幅散度位于缺陷位置附近。

当沿杆长相应的点比较第二阶模态的振幅时，最大差异 $\Delta\bar{A}_{max}=1.47\%$ 时的缺陷尺寸为 $\bar{t}=0.3$ 和 $\Delta\bar{A}_{max}=2.61\%$ 的缺陷尺寸为 $\bar{t}=0.7$。振动模态振幅之间的最大差异是在振动模态拐点观察到的（$\bar{x}=0.61$）。在缺陷位置附近，对于缺陷的两个变量，第二阶模态振动形式的振幅差不超过 $\Delta\bar{A}_{max}=0.39\%$。

沿杆长度的相应点处的第三阶模态的振幅分析表明，最大振幅发散值为 $\Delta\bar{A}_{max}=2.7\%$ 且发生在缺陷尺寸 $\bar{t}=0.3$ 时和 $\Delta\bar{A}_{max}=6.5\%$，$\bar{t}=0.7$ 时。振幅的最大偏差与杆的两个变化尺寸的缺陷位置附近的点对应。

沿着杆长度的相应点比较第四阶模态的振幅表明，最大振幅偏差 $\Delta\bar{A}_{max}=1.49\%$ 发生在缺陷尺寸 $\bar{t}=0.3$ 和 $\Delta\bar{A}_{max}=4.7\%$，$\bar{t}=0.7$ 时。最大偏差与缺陷位置点附近的振幅对应。

通过对不同缺陷尺寸的振动形式进行比较分析，发现两种模型在缺陷位置附近和沿杆长度的振动模态曲线的定性特征是相同的。

6.5.2 基于弯曲振动特征形式分析的悬臂梁缺陷识别特征选择

本节基于对振动形式特征的分析，证实了表征被夹紧悬臂弹性杆的缺陷位置及其尺寸的诊断特征。这里，通过分析弯曲角度的相切角或曲率的变化以及杆的振型与缺陷参数的关系的曲率，研究了缺陷识别的间接标志。

通过比较弹性单元不同刚度值的振动模态，如 6.3.2 节所示，切线之间的角度发生了急剧变化，这表现为缺陷位置处振动形状出现“折点”。可以用与振动形式曲线相切的点处的角度 α 作为悬臂杆中存在缺陷的指示特征。

可以用与在有限数量的点处测量振动幅度的过程相关联的离散方法来计算振动形状各点切线之间的角度 α。图 6.29 所示为振动形式曲线截面上点的位置示意图。

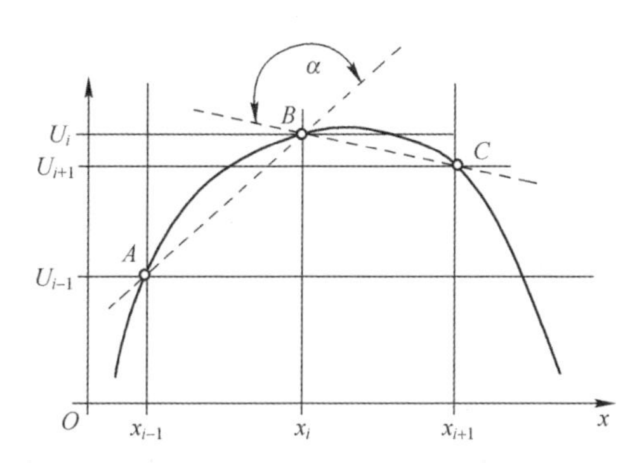

图 6.29　切线间 α 计算点的位置示意图；U_i是杆的第 i 个点的自然振动模态的位移；x_i是编号为 $i(i\in 1,2,\cdots,N)$ 的点的坐标，N 是总点数

在振动形状的离散信息存在的情况下（图 6.29），对于相应的振动模态，在 i 点的角度的大小可以计算如下：

$$\alpha_i=\arccos\left(\frac{(\overline{AB})(\overline{BC})}{\|\overline{AB}\|\|\overline{BC}\|}\right) \tag{6.28}$$

其中，$\overline{AB}$和$\overline{BC}$分别是两段的向量，分别在数字$[i-1,i]$和$[i,i+1]$的归一化振动形式的点之间。

振动形状的曲率可以看作一个附加的特征，它可以明确缺陷的参数。

当离散测量考虑到小的振动时，杆第 i 点的曲率可以用式（6.29）计算：

$$U''_i=\frac{U_{i-1}-2U_i+U_{i+1}}{\Delta x^2} \tag{6.29}$$

式中：Δx 为测量点之间的距离。

在接收和处理数据时，需要采集振动的幅度，以建立不同频率的振动形式的矢量。为此，有必要将幅度数据归一化到$[0,1]$上。振动形式点处的每个幅度值都归一化为最大挠度值：

$$\overline{U}_i=\frac{U_i}{|U_{max}|} \tag{6.30}$$

式中：$\overline{U}_i$为杆的第 i 个点的位移的归一化值；$U_{\max}$为振动形式的点的最大偏差。在振动形状的归一化振幅下，在点 i 处的曲率将计算为

$$\overline{U}''_i=\frac{\overline{U}_{i-1}-2\overline{U}_i+\overline{U}_{i+1}}{\Delta x^2} \tag{6.31}$$

在第 7 章中，我们详述了一个基于实验数据求出振动形式的切线和曲率之间夹角的过程。

6.5.3 基于弯曲振动特征形式分析的悬臂梁缺陷参数识别

在本节中，基于对前四种振动模态形状的分析，对识别悬臂缺陷参数的过程进行建模。本节中还研究了基于解析法求悬臂振动的固有频率和构造特征形式的问题。这种方法可以替代全尺寸实验。

在分析中，我们考虑了弹性单元位置 $\Delta L_c=0.25$ 的变化。弹性单元的刚度 K_t 取值对应于整体模型的缺陷尺寸，取值如下：$\bar{t}=0,0.25,0.5,0.75,0.85$。应用式（6.21）重新计算，解析模型的弹性单元的抗弯刚度 $K_t(\bar{t})$ 为$K_t(0)=12684\text{N}\cdot\text{m/rad}$，$K_t(0.25)=4531\text{N}\cdot\text{m/rad}$，$K_t(0.50)=1173\text{N}\cdot\text{m/rad}$，$K_t(0.75)=163\text{N}\cdot\text{m/rad}$，$K_t(0.85)=52\text{N}\cdot\text{m/rad}$。

为了找到弹性单元的不同刚度值及其位置 $\overline{L}_c=0.25$ 的适当振动模态，基于分析建模，在 Maple 软件中计算的固有频率（表 6.18）。

表 6.18　Maple 软件中计算的固有频率

K_t/(N · m/rad)	固有频率			
	ω_1	ω_2	ω_3	ω_4
12684	107.8	676	1892	3709
4531	105.1	675.9	1856	3633
1173	98.1	674	1772	3486
163	67.9	667	1533	3216
52	44.9	664	1440	3147

本节中解决了悬臂梁的谐振振动问题，并针对缺陷的各种刚度值获得了悬臂梁的振动形式。各点的曲率值由方程（6.31）计算，沿悬臂长度的不同点的切线之间的角度由方程（6.28）计算。离散段的长度 Δx 取悬臂长度的 1/60。

图 6.30 为不同缺陷尺寸的杆振动的归一化特征形式。图 6.31 还显示了振动形状各点处的曲率图以及振动形式曲线不同点处切线之间的角度(图 6.32)。

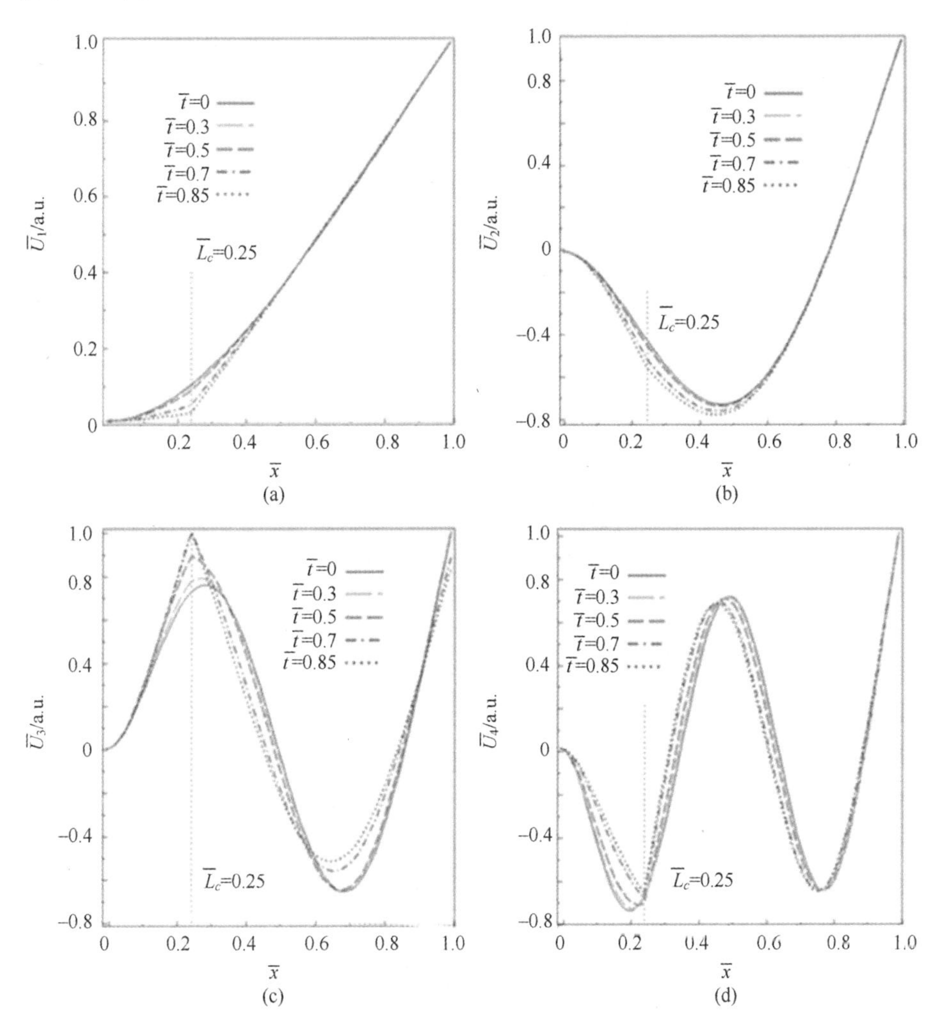

图 6.30 前四阶横向振动模态缺陷悬臂梁横向位移 $\overline{U}$ 的归一化值

(a) 第一阶；(b) 第二阶；(c) 第三阶；(d) 第四阶。

对振动形式参数的分析表明，在缺陷位置存在由缺陷尺寸确定的适当“拐点”。此外，对缺陷位置切线之间的曲线和角度图的分析清楚地观察到了“峰值”。为了估计缺口深度对“拐点”区振幅、振动形式曲率和角度变化的

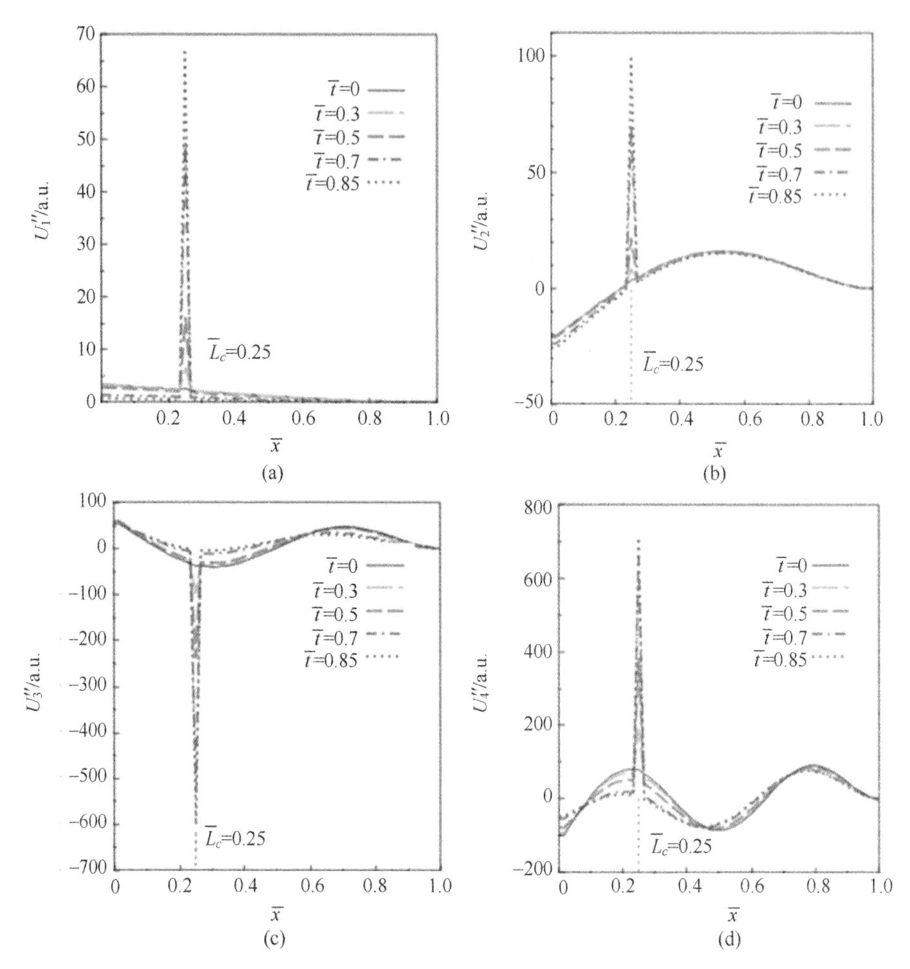

图 6.31　不同缺陷悬臂前四种横向振动形式的曲率 U''

（a）第一阶；（b）第二阶；（c）第三阶；（d）第四阶。

影响，我们研究了参数相对值对弹性单元所在点刚度的相关性。

对于给定的弹性单元位置情况，归一化幅度 $\Delta\bar{U}$ 的相对值被定义为

$$\Delta\bar{U}_i=\frac{|\bar{U}_i^d-\bar{U}_i^0|}{\bar{U}_i^0}\times 100\% \tag{6.32}$$

式中：$\bar{U}_i^d$ 和 $\bar{U}_i^0$ 分别为存在缺陷和未损坏状态下弹性杆在第 i 个沿杆长度的振动形式曲线的归一化幅值。各种振动模态的横向位移值及其在缺陷位置点的相对值见表 6.19。

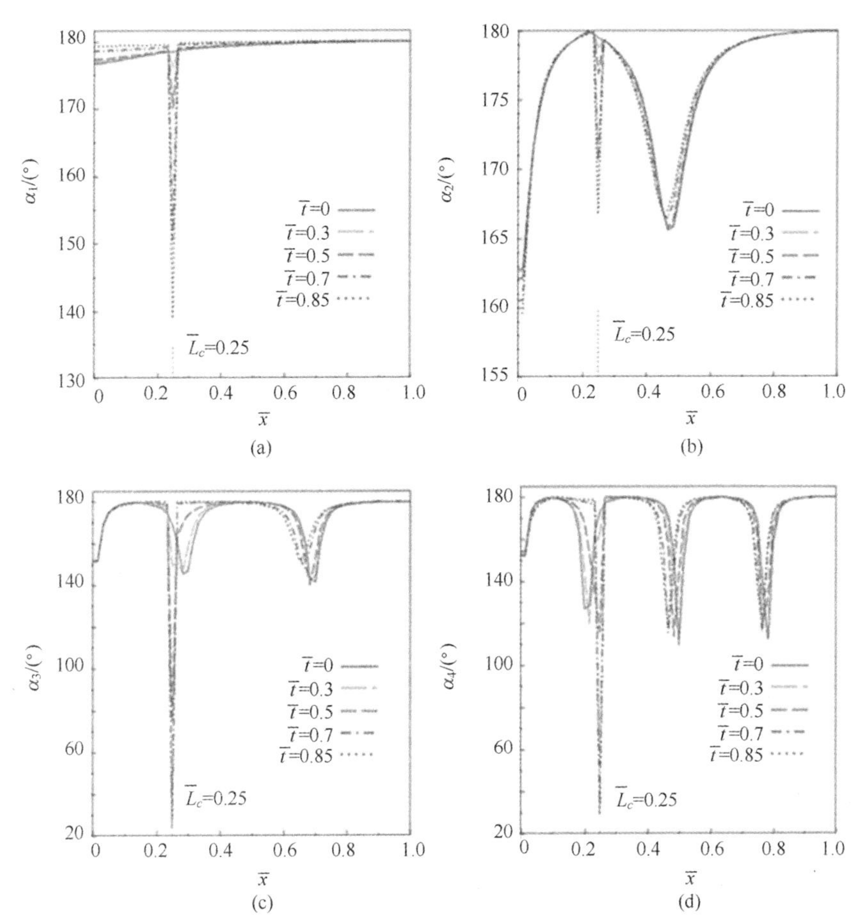

图 6.32　具有不同尺寸缺陷的悬臂梁和前四阶横向振动模态的振动形状曲线不同点的切线之间的夹角

(a) 第一阶；(b) 第二阶；(c) 第三阶；(d) 第四阶。

表 6.19　悬臂梁 K_t 上，不同独立振动模态在缺陷位置处的横向位移 $\overline{U}$ 及其相对值 $\Delta\overline{U}$

K_t/(N·m/rad)	$\bar{t}$/a. u.	Ⅰ		Ⅱ		Ⅲ		Ⅳ	
		$\overline{U}$/a. u.	$\overline{U}$/%	$\overline{U}$/a. u.	$\overline{U}$/%	$\overline{U}$/a. u.	$\overline{U}$/%	$\overline{U}$/a. u.	$\overline{U}$/%
12684	0	0. 097	0	−0. 417	0	0. 727	0	−0. 686	0
4531	0. 25	0. 093	4. 1	−0. 424	1. 7	0. 774	6. 5	−0. 703	2. 48
1173	0. 50	0. 081	16. 5	−0. 444	6. 5	0. 889	22. 3	−0. 723	5. 39
163	0. 75	0. 0431	55. 6	−0. 51	22. 3	1	37. 6	−0. 695	1. 31
52	0. 85	0. 022	77. 3	−0. 551	32. 1	1	37. 6	−0. 67	2. 33

图 6.33 所示为相对振幅与缺陷尺寸 $\bar{t}$ 的关系图。

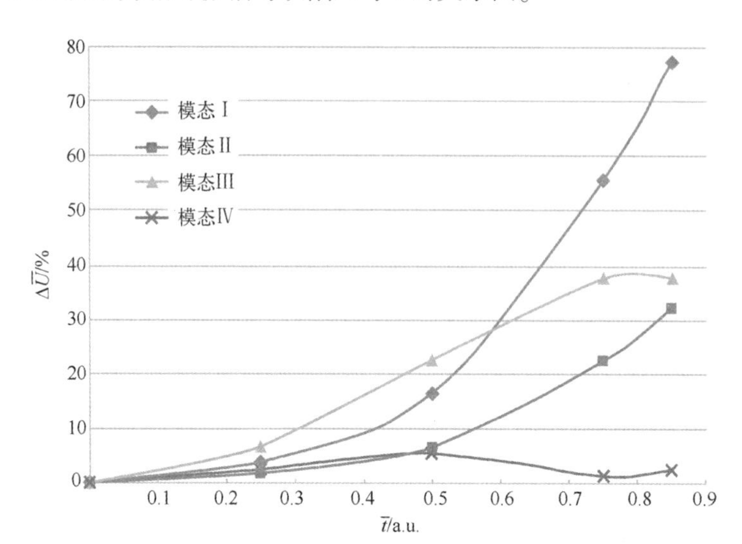

图 6.33　不同振动模态下缺陷位置处的相对横向位移 $\Delta\bar{U}$ 与缺陷尺寸 $\bar{t}$ 的关系

为了进行比较，发现这种弹性单元分布情况下的振动形状曲率如下：

$$\bar{U}''_i = |\bar{U}''_{id}| \tag{6.33}$$

式中：$\bar{U}''_{id}$ 为沿杆长度的第 i 个点的振动形状的曲率值。

缺陷所在点的振动形式曲率值如表 6.20 所示。

表 6.20　不同振动模态下缺陷位置点的振动形状 U'' 曲率，取决于悬臂刚度 K_t（t 为缺陷尺寸）

K_t/(N · m/rad)	$\bar{t}$/a. u.	I	II	III	IV
		$\bar{U}''$/a. u.	$\bar{U}''$/a. u.	$\bar{U}''$/a. u.	$\bar{U}''$/a. u.
12684	0	2.5	3.2	38.8	80.8
4531	0.25	6.4	8.2	97.7	187
1173	0.50	15.9	21.1	237	381
163	0.75	49.3	70.3	529	660
52	0.85	66.6	98.8	602	713

图 6.34 为曲率 U'' 与缺陷尺寸 $\bar{t}$ 的关系图。

对于给定的弹性单元分布情况，振动形式点的切线之间的相对角度计算如下：

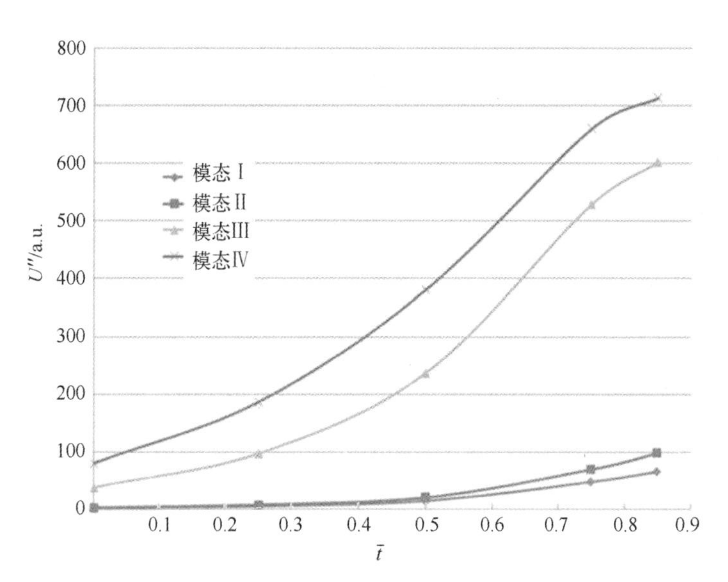

图 6.34　不同振动模态下缺陷位置处振动形式的曲率 U''与缺陷尺寸 $\bar{t}$ 的关系

$$\Delta\alpha_i=\frac{\alpha_i^d-\alpha_i^0}{\alpha_i^0}\times 100\% \tag{6.34}$$

式中：α_i^d和 α_i^0分别为存在和不存在缺陷时杆振动形式的第 i 个点的角度。

振动形式“拐点”的角度及其在缺陷位置点的相对值如表 6.21 所示。

表 6.21　缺陷位置点的振动形式图上切线之间的角度 α 及其相对值 $\Delta\alpha$，取决于不同振动模态的刚度 K_t（t 是缺陷尺寸）

K_t/(N·m/rad)	$\bar{t}$/a. u.	Ⅰ		Ⅱ		Ⅲ		Ⅳ	
		α/(°)	$\Delta\alpha$/%	α/(°)	$\Delta\alpha$/%	α/(°)	$\Delta\alpha$/%	α/(°)	$\Delta\alpha$/%
1	2	3	4	5	6	7	8	9	10
12684	0	178.4	0	179.5	0	169.1	0	173.3	0
4531	0.25	176.1	−1.3	178.8	−0.4	149.3	−11.7	163.3	−5.8
1173	0.50	170.1	−4.7	176.9	−1.4	74.5	−55.9	115.8	−33.2
163	0.75	150.4	−15.7	170.6	−5.0	27.2	−83.9	34.2	−80.3
52	0.85	138.7	−22.3	166.7	−7.1	23.3	−86.2	28.6	−83.5

图 6.35 为缺陷位置点处振动形式的切线夹角的相对值与缺陷尺寸 $\bar{t}$ 的关系。

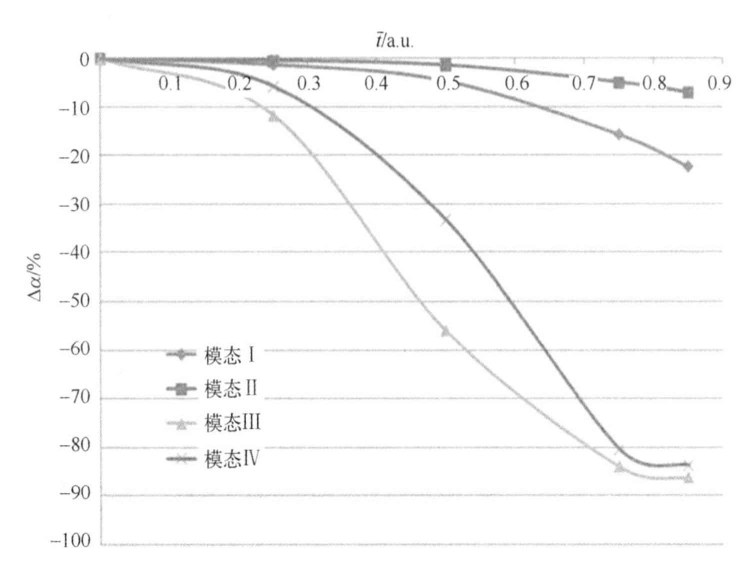

图 6.35　不同振动模态下，缺陷位置的振动切线之间的角度 Δα 变化的相对幅度与缺口尺寸 $\bar{t}$ 的关系

对振动形式、切线之间的角度和曲率的曲线图进行分析发现，对于 $\bar{L}_c=0.25$ 位置的弹性单元，与缺陷值 $\bar{t}=0.75$ 处的完整模型的振动形式相比，位移的相对变化：$\Delta\bar{U}=55.6\%$ 为一阶模态；$\Delta\bar{U}=22.3\%$ 为二阶模态；第三阶模态 $\Delta\bar{U}=37.6\%$；对于第四阶模态 $\Delta\bar{U}=1.31\%$。对于沿杆长度的缺陷位置点的振动切线之间的角度 α 的大小，相同的弹性单元分布，相应系数的变化：第一阶模态 $\Delta\alpha=15.7\%$；第二阶模态 $\Delta\alpha=5\%$；第三阶模态 $\Delta\alpha=83.9\%$；第四阶模态 $\Delta\alpha=83.5\%$。弹性单元 $\bar{L}_c=0.25$ 位置处的振动曲率和不同振动模态的缺陷 $\bar{t}=0.75$ 的大小：第一阶模态 $\bar{U}''=49.3\text{m}^{-1}$；第二阶模态为 $\bar{U}''=70.3\text{m}^{-1}$；第三阶模态 $\bar{U}''=529\text{m}^{-1}$ 为；第四阶模态 $\bar{U}''=660\text{m}^{-1}$。

通过分析不同振动模态的缺陷位置处横向位移的相对大小与缺陷尺寸的关系（图 6.33）可以发现，这种关系在第一阶、第二阶和第三阶模态的缺陷位置得到了很好的体现，而在第四阶模态的缺陷位置上则不那么明显。

对不同模态下缺陷位置点处振动形式的曲率相对大小对缺陷尺寸（图 6.34）的相关性分析表明，所有曲线都是单调增加的。这种对缺陷位置的相关性在第一阶和第二振阶模态中得到了很好的体现，第三阶和第四阶模态对缺口大小的敏感度略低。

分析了不同振动模态下，缺陷位置处切线之间振动形状“拐点”角度变化的相对大小与缺陷尺寸的关系（图 6.35），结果表明，所有图都以不同程度单调递减。存在缺陷的情况下，当缺陷尺寸 $\bar{t}>0.3$ 时，第三阶和第四阶模态的这种相关性很好地表现出来，而第一阶和第二阶模态的这种相关性则不表现出来。

对有损伤的悬臂梁振型特征分析如下。

(1) 振动形式的图在缺陷位置处有“拐点”；在这种情况下，如果缺陷(弹性单元) 的位置位于振形曲线的弯曲区域或其附近，则振形曲线的“拐点”很难识别，因此该模态将对结构中缺陷的位置不敏感。

(2) 与自身振动形式的幅值参数 $\overline{U}$ 相比，振动形式各点的切线与曲率 $\overline{U}''$ 之间的角度 α 参数对缺陷位置的确定更加敏感。

识别缺陷尺寸，还可以应用基于分析模型和先前确定的缺陷位置 $\overline{L}_c=0.25$ 附近振动参数的离散估计的方法。因此，可以得到缺陷处杆的刚度为

$$K_t=\frac{-EJU_1''(L_c)}{[U_1'(L_c)-U_2'(L_c)]} \tag{6.35}$$

在这种情况下，曲率是由式（6.31）确定的，离散法向旋转角可定义为有限差分：

$$\overline{U}_i'=\frac{\overline{U}_i-\overline{U}_{i-1}}{\Delta x} \tag{6.36}$$

使用公式（6.35）确定缺陷刚度。在分析中，弹性单元的位置 $\overline{L}_c=0.25$，弹性单元的刚度 $K_t(0.75)=163\text{N}\cdot\text{m/rad}$。通过使用解析模型研究了横向杆振动的第一阶和第二阶模态。为了比较，离散段 Δx 的值等于部分悬臂长度 L 的 1/60、1/100 和 1/240。

确定给定情况下的刚度值与其原始值相比的偏差为

$$\Delta K=\frac{|K_t^*-K_t|}{K_t}\times 100\% \tag{6.37}$$

结果如表 6.22 所示。

对基于振型研究获得的刚度值的分析表明，对于给定的缺陷位置 $\overline{L}_c$，用方程（6.34）计算一阶模态离散区间 $\Delta x<l/60$ 的刚度偏差不超过 1.4%。当振动的形状可以很精确地知道时（$\Delta x<l/1000$），就可以使用第二阶模态的参数。这是由于缺陷位于弯曲振动形式的区域附近。

表 6.22 缺陷刚度在其位置 $\bar{L}_c=0.25$ 和离散区间 Δx 处的重构

振动模态	离散区间 Δx							
	$L/60$		$L/100$		$L/240$		$L/1000$	
	K_t^*/(N·m/rad)	ΔK/%	K_t^*/(N·m/rad)	ΔK/%	K_t^*/(N·m/rad)	ΔK/%	K_t^*/(N·m/rad)	ΔK/%
1	165.3	1.3	164.4	0.9	163.5	0.3	163.1	0.1
2	-34.2	—	44.8	—	113.8	30.2	151.2	7.2

6.5.4 悬臂梁缺陷参数识别方法的算法

基于之前的研究，我们开发了一种用计算出的曲率来诊断缺陷位置的算法（图6.36）。此外，在实验方法的基础上，给出了杆结构缺陷定位方法的结构示意图（图6.37）。

在第一阶段，收集杆结构的固有频率和相应振动模态的信息。为此，准备了实际模型、振动控制装置和计算机数据收集。通过控制单元，结构的谐波振动被激励。在模型的几个点上用传感器采集振动参数，得到结构在某些点 $U_i(x_k)$ 处的幅频响应（AFR），然后确定固有频率并保存数据。

接下来，在选定的固有频率下收集谐振振动模态的信息。振动控制单元以相应的固有频率 ω_{ri} 激励振动。沿结构长度方向在不同点测量振幅。通过将这些数据组合到阵列中，我们在相应的固有频率 ω_{ri} 处获得第 k 个点 $U_j(x_k,\omega_{ri})$、$V_j(x_k,\omega_{ri})$、$W_j(x_k,\omega_{ri})$ 处的结构振型。在谐振振幅相应的收集点处，计算切线之间的角度 $\phi_{ri}(x_k,\omega_{ri})$ 和曲率 $U''_{ri}(x_k,\omega_{ri})$。通过对模态参数的分析和对“拐点”的检测来确定缺陷的可能位置，然后保存振动形式的参数数据。

这一阶段解决了确定缺陷尺寸的问题，创建了相应的有限元或结构的分析模型，其中缺陷位于先前确定的位置。对有不同尺寸缺陷的杆结构的谐振振动进行建模，确定了以下相关性：①切线之间的弯曲角度与缺陷尺寸 $\bar{t}$ 的关系；②缺陷位置点的曲率与缺陷尺寸 $\bar{t}$ 的关系。基于实验结果的比较以及所获得的振动形式参数的相关性，确定缺陷尺寸。

在最后阶段，通过比较固有频率和振动形式来评估计算模型和实验模型的充分性。研究结果为缺陷位置 $\bar{L}_c$ 和深度 $\bar{t}$ 的计算值。

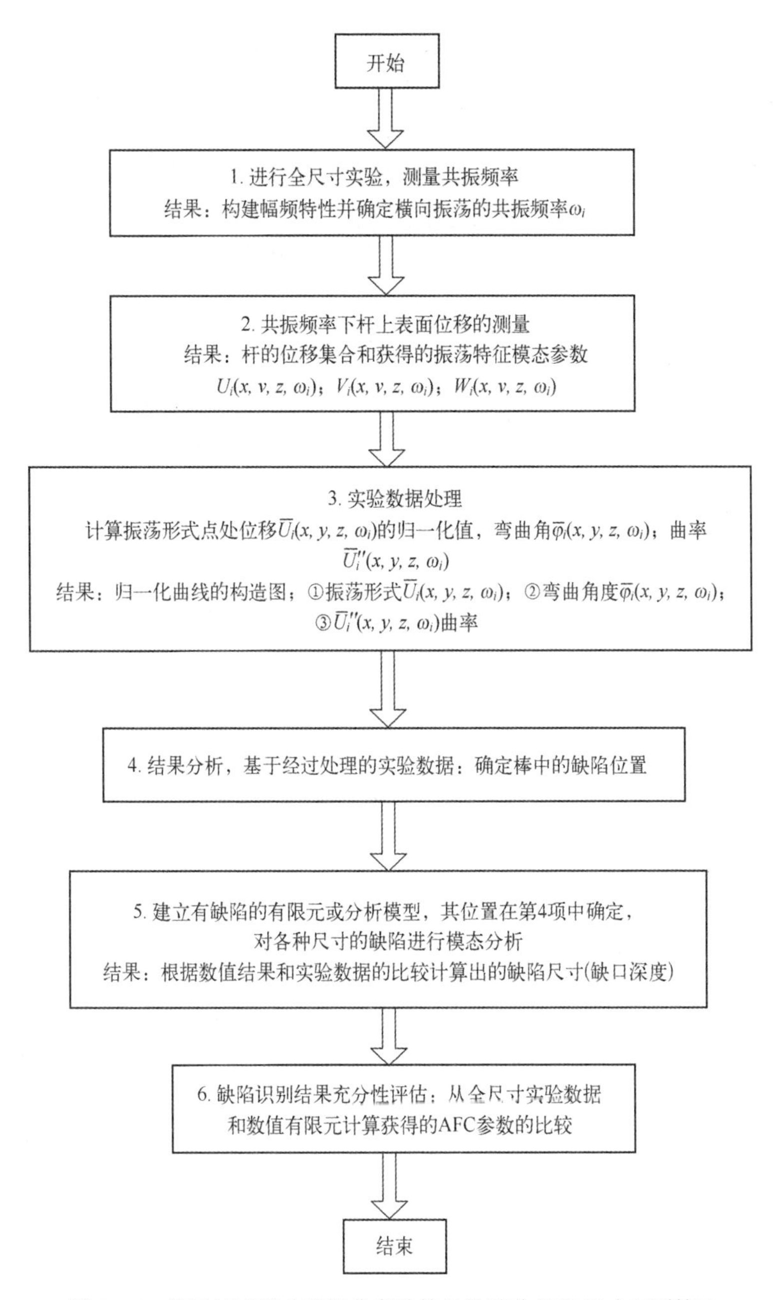

图 6.36　基于杆元振动形状曲率计算的缺陷位置和尺寸识别算法

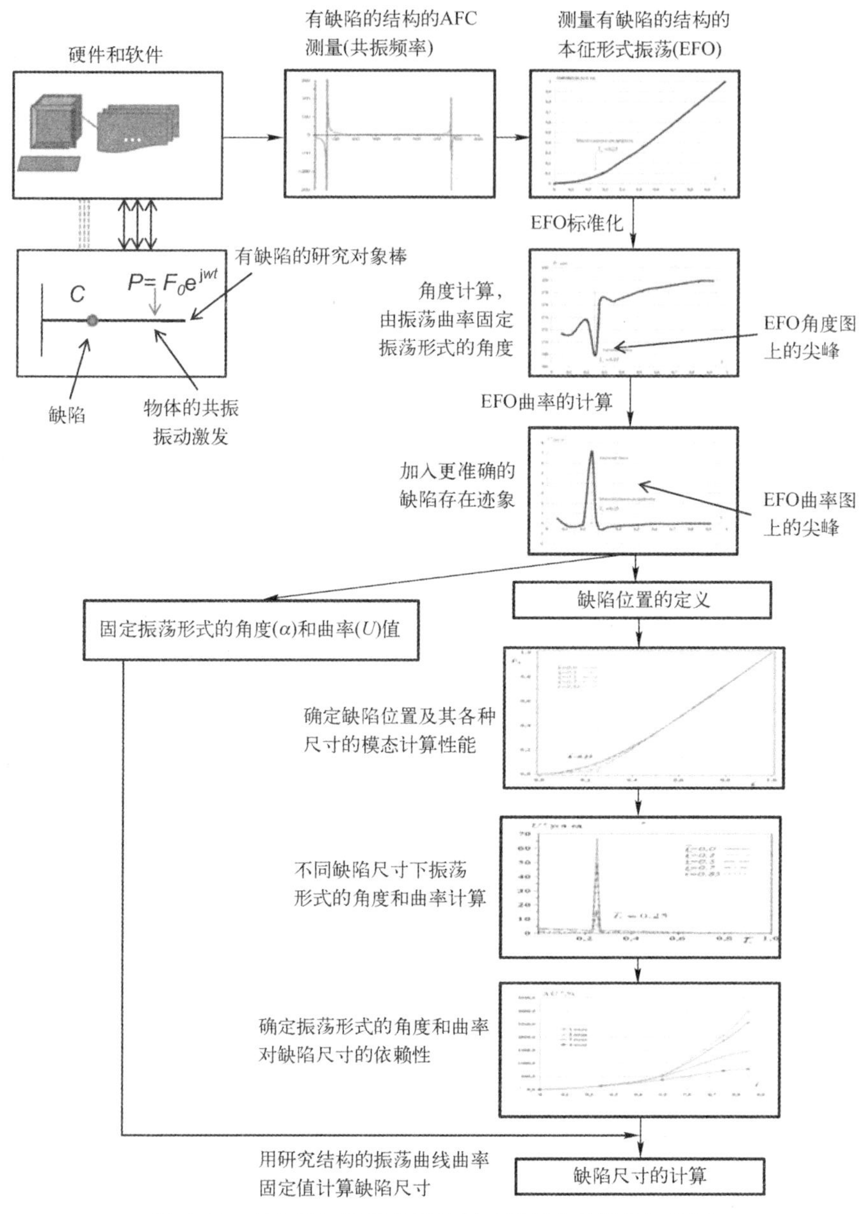

图 6.37　杆材施工缺陷位置及尺寸识别方法结构示意图

6.5.5　不同固定方式杆的缺陷识别

在分析结构谐振振动形式的频率和参数的多参数识别方法的基础上，识别具有不同固定方式杆的缺陷问题。研究对象是带有一个和两个缺陷的杆结构。用有限元软件 ANSYS 对杆的谐振振动计算进行建模。在这项研究中，我们确定了杆中的缺陷位置，并比较了具有不同固定变体的杆模型的参数。

模拟的对象是一根带有缺陷的杆（长度 $L=250$mm，横截面高度 $h=8$mm，宽度 $a=4$mm）（缺陷形式为 1mm 宽和深度 h_d 的横向缺口），缺陷位于距离夹紧点 $\bar{L}_d$ 的杆上，其中 $\bar{L}_d=\bar{L}_d/L$ 是切口的位置。对有一个和两个缺陷的杆结构来说，有两种不同的固定方式：①杆的一个边缘是固定的；②杆的两个边是固定的。接下来，引入无量纲坐标 $\bar{x}=x/L$，相对损伤深度 $\bar{t}=h_d/h$，并考虑杆的横向振动（表 6.23）。

表 6.23 不同缺陷排列杆的建模方法

序号	固定方式	缺陷数量	第一个缺陷的位置 $\bar{L}_d$	第一个缺陷的大小 $\bar{t}$	第二个缺陷的位置 $\bar{L}_d$	第二个缺陷的大小 $\bar{t}$
1	①	1	0.25	0.7	—	—
2	①	2	0.25	0.3	0.7	0.7
3	②	2	0.25	0.3	0.7	0.7
4	②	2	0.25	0.7	0.7	0.7

使用有限元软件 ANSYS 进行振动模拟。图 6.38 为正在研究的有限元模型。选择模型的一个分区并划分节点，沿长度设置为杆长度的 1/40。杆的高度和宽度对应面的 1/3 系数节点。缺口形式的缺陷结构垂直于横截面的宽度为 1mm。有限元网格在缺陷附近有双重集中。同时，有限元总数超过 5000 个。

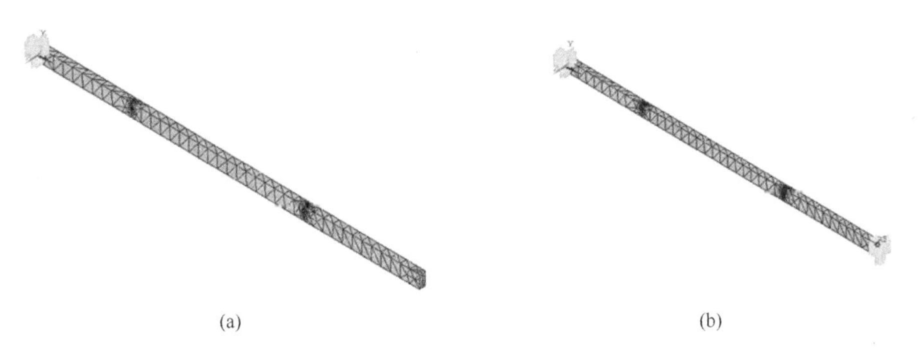

(a) (b)

图 6.38 有 1 个或 2 个缺陷的杆的有限元模型

（a）悬臂固定杆；（b）边缘刚性固定的杆。

这一阶段解决了杆的谐振振动问题，得到了不同尺寸缺陷时杆振动的形式。图 6.39 给出了不同尺寸缺陷下的杆振动的归一化特征模态。

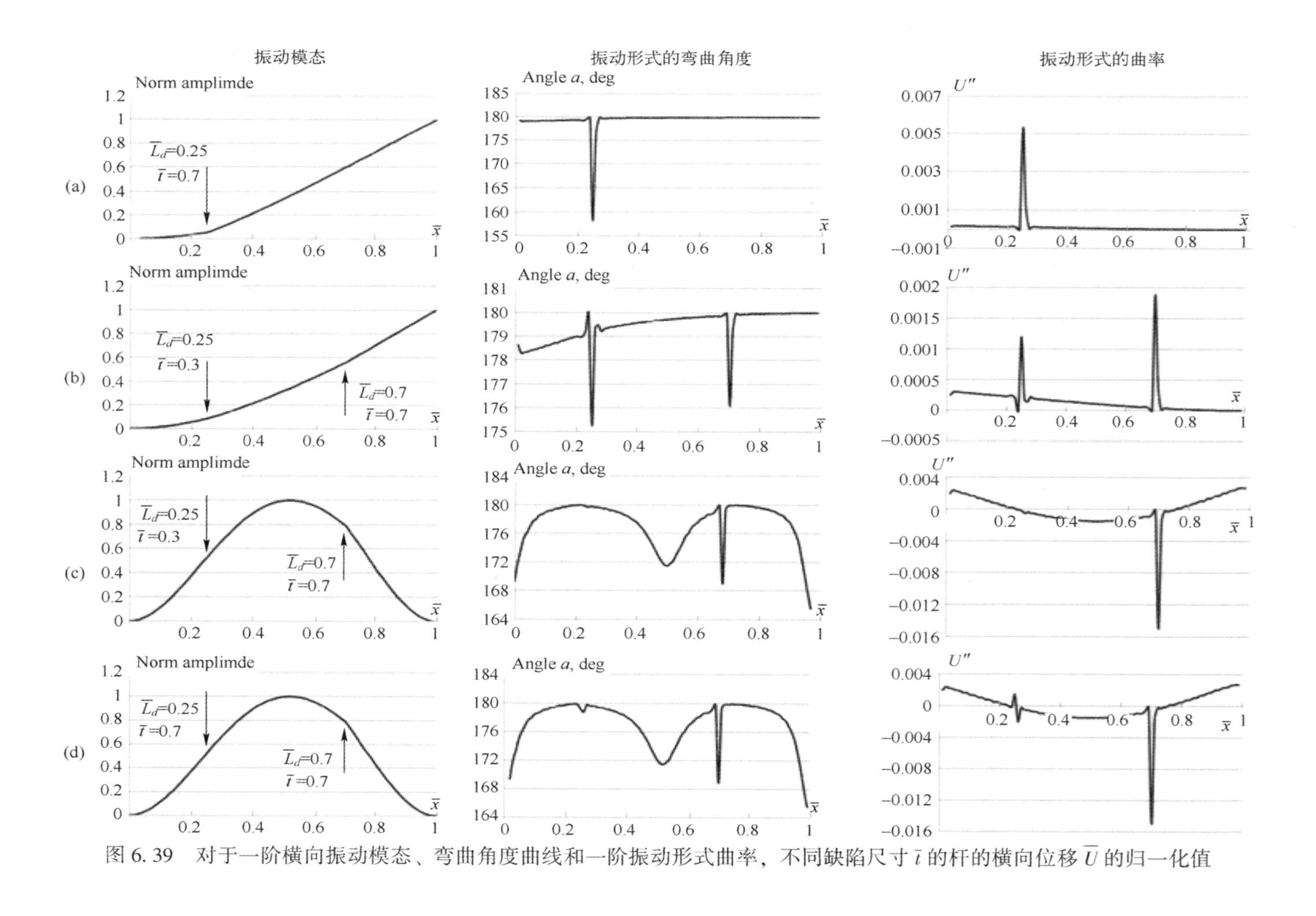

图 6.39 对于一阶横向振动模态、弯曲角度曲线和一阶振动形式曲率，不同缺陷尺寸 $\bar{t}$ 的杆的横向位移 $\overline{U}$ 的归一化值

我们先研究一阶振型。对振动形式图的分析表明，在缺陷部位存在明显的“拐点”，这取决于缺陷尺寸的大小。从图 6.39 中可以看出，振动曲线的拐点位置变化很弱。振动形式曲线的切线形成的角度 α 和振动曲线的曲率是悬臂杆中存在缺陷的标志特征。

在计算振动形状参数时，离散段的长度 Δx 取等于杆长度的 1/100。计算结果如图 6.39 所示。

对振动形式（OF）、点的角度图、切线图和曲率图的分析表明，在分析这些参数时，使用判据来确定缺陷位置是可能的。对于悬臂杆，两个参数很好地确定了缺陷的位置。由于切线所形成的点的角度对振动形状的弯曲比两边固定的杆更敏感，因此缺陷的位置不易被识别。对于这种不同的固定和振动形态的分析，$\bar{t}>0.5$ 的缺陷可以很好地识别出来。对于 3 号杆模型，位置 $\bar{L}_d=0.25$ 的缺陷很难识别，因为它位于振动形式的弯曲点。4 号杆振动形状的曲率可以很好地确定缺陷的位置。

研究表明，在杆材结构中应用所描述的多参数缺陷识别方法可以计算出具有不同边界条件的杆的缺陷参数，包括缺陷的深度和位置。由于在算法中使用了更广泛的初始数据集，以及在算法中使用了识别的多参数诊断标志，因此减少了杆识别定义参数中的误差。所考虑的方法可以用作开发结构技术条件的技术诊断方法的基础。

6.6　结　　论

（1）利用有限元软件 ANSYS 对有缺陷的悬臂杆整体模型模态参数进行了有限元计算。给出了模型的振动形式。研究了固有频率与缺陷位置和尺寸的相关性。最敏感的振动模态取决于其不同位置的缺陷尺寸。

（2）在欧拉-伯努利模型的框架下，考虑了有缺陷的悬臂弹性杆横向振动的解析模型。得到了固有频率与弹性单元的位置和刚度的相关性。分析模型中弹性单元的位置和刚度的固有频率变化。

（3）在模型动力学等效的基础上，对解析模型进行了全身有限元模型悬臂杆缺陷（缺口）尺寸与弹性单元抗弯刚度的相关性计算。

（4）对不同缺陷尺寸的悬臂梁在同一位置的分布分析和有限元模型的前四阶振动模态进行了比较。

(5) 结果表明，在不同弯曲振动模态的形式上，切线之间的角度 α 和曲率 U'' 的“拐点”和局部极值形式的特征与悬臂中缺陷的位置一致，可以作为缺陷识别的诊断特征之一，并能确定缺陷位置。

(6) 结果表明，在缺陷位置处，前四阶模态振动形式的切线与曲率之间的夹角 α 可作为缺陷大小的诊断标志。

第7章 研究振动参数和识别杆结构中的缺陷的装置

7.1 杆结构缺陷的技术诊断

第6章讨论了有缺陷的杆结构示例以及用于识别缺陷参数的算法。基于前面提出的方法，有必要使用自动诊断测量系统及早识别缺陷。同时，如果没有硬件、软件和方法支撑，进行复杂系统的技术诊断（例如，监视其状态的工业对象和设施）是不可能的。

因此，本章的主要写作目的是开发一种测量装置，以便在实践中对杆结构进行技术诊断。该装置基于记录振动参数的原理，即可以评估结构缺陷的参数。在第二阶段，根据所开发的方法确定缺陷状态。最后，本章介绍了识别杆结构缺陷过程所需的算法、软件和实验室装置。

7.2 识别杆结构缺陷的测量装置

7.2.1 装置的技术性能

该装置是一个测试多通道多参数信息的测量系统，由三部分组成。

（1）电子硬件，用于接收、缩放、转换和传输来自结构振动参数主记录器和转换器的信号；

（2）非常规动态、机械和电磁加载装置，用于激励研究对象的谐振和强迫振动载荷；

（3）L-card 开发的“PowerGraf”软件以及原有的计算机程序软件“Vibrograf”。该软件用于记录、处理和存储在模数转换器（ADC）内的模拟和离散电信号，可用个人计算机作为标准记录设备。“Vibrograf”软件还可用于控制物体的振动激励过程，使振动诊断自动化成为可能。

装置操作过程如下。

（1）记录振动参数。光学位移传感器（RF-603）用于非接触式测量垂直和水平的振幅。对于高频振动，使用反射式非接触式光学干涉传感器（OIT-204）来展示增加的频率响应。该换能器由南方联邦大学数学、力学和计算机科学研究所的 E. Rozhkov 设计和制造。利用振动传感器 ADXL-103 和 ADXL-203 测量杆各点振动的垂直和水平振动加速度。利用电阻 TR（带 5mm 底座）的应变片测量杆面变形。利用光学微位移计（OMM）测量挠度。SU-210 配套设备用于为 OMM 传感器供电。该配套装置利用输入和输出插件的部件对电信号进行初级处理，对电信号进行缩放和电阻匹配。

（2）振动的激励。该装置能在考虑自然振动和强迫振动的情况下对各种杆结构进行动态测试。利用冲击锤、球或脉冲电鼓在不同点上冲击的方法激励谐振阻尼振动。在电磁励磁器的帮助下，在杆的不同点激励强迫振动。

（3）动态数据处理。信号的后续处理由 L-Card 公司开发的外部模块 ADC/DAC E14-440 的程序、一台个人计算机和相应的软件来完成。采用 L-card 开发的“PowerGraf”软件对信号进行接收和处理。采用原计算机程序软件“Vibrograf”解决具体的研究任务。用“Vibrograf”软件来完成信号的幅值-时间特性（ATCs）、振动的频谱和幅值-频率特性的处理和构建。此外，还可得到垂直和水平振动的模态并确定自由振动的衰减系数，并控制结构振动的振动激励。利用数字示波器控制传感器激励信号的形式。频率计 Ch3-33 和 SFG-2014 用来精确测量信号频率。用测量显微镜对接收传感器进行调整和校准。功率放大器对激励器电信号进行放大。测试结果以数字格式和硬拷贝（打印）格式存储。

7.2.2 装置结构参数的设定

测量装置包括杆模型静态和动态加载的装置、校准测试模型横向位移的模块、主要的传感器以及记录和处理信号的电子设备。测量装置的结构示意图如图 7.1 所示。

静态加载装置（图 7.1 上的第 4 点）用于在光学传感器（19a 和 19b）的校

准模态下弯曲被测结构单元模型，并激活声发射（AE）信号。加载单元（4）安装在装置的底座（15）上。控制静态加载过程（用于校准装置中的传感器）有一个电子单元（3），用户可以使用计算机（12）的手动和程序两种模态进行加载。

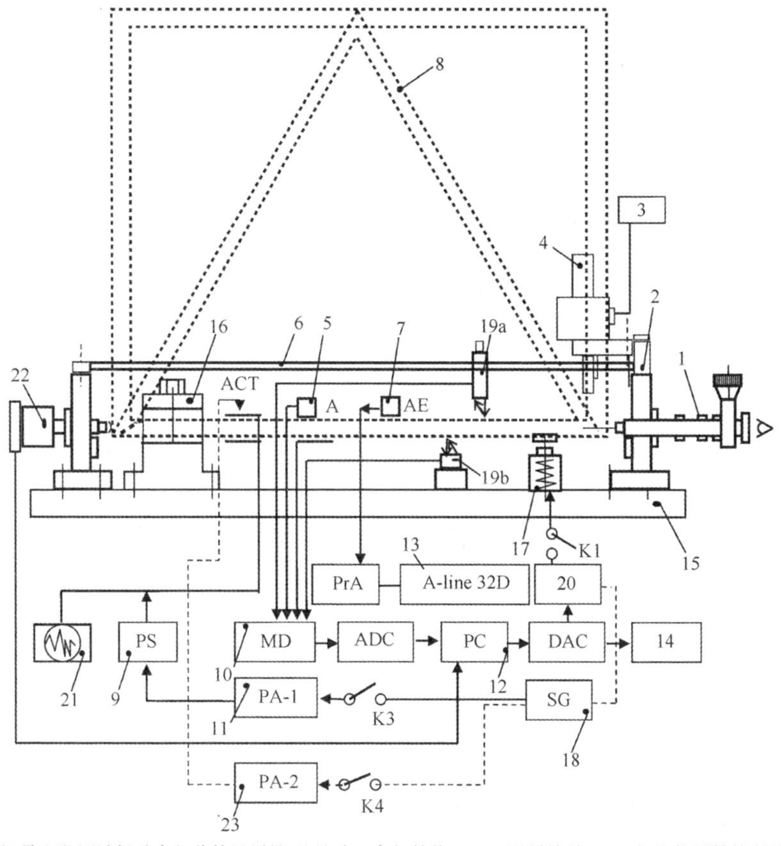

1—用于记录和监测试样动态位移的显微镜(此处为三角杆结构)；2—显微镜臂；3—加载装置的控制单元；4—加载装置；5—加速度计；6—OIT传感器的导轨；7—声发射传感器；8—被测模型样本；9—移相器；10—配套装置；11—功率放大器PA-1；12—计算机；13—录音系统；14—频率计数器SFG-2104；15—加载单元的底座；16—被测试样支架；17—电磁振动器；18—低频声音发生器；19a —OIT在垂直方向的RF-603；19b—水平方向的OIT RF-603；20—功率放大器；21—数字示波器LeCroy；22—数码显微镜；23—功率放大器PA-2；PrA—前置放大器；SG—应变片；ACT—压电致动器；K1、K3、K4—接触器。

图 7.1　测量装置的结构示意图

安装在基座（15）上的电磁振动器（17）可以在初步给定频率下对模型进行动态加载。振动器（17）由低频声音发生器（18）供电。模型的振动频率由频率计数器（14）记录。该装载也可以通过计算机和 DAC 来激励振动。

模型端面动态位移校准测量模块包括固定在支架（2）上的测量显微镜

（1）和加载装置（3）的控制单元。杆下侧（三角形或矩形结构）的动态位移也由OIT传感器（19a和19b）和振动传感器（5）（ADXL-103型加速度计）记录。振动位移传感器（加速度计）（5）和双晶压电致动器（ACT）位于测试模型的水平侧。致动器可在杆结构的标记区域上激励加载力，以阻尼振动。传感器（4，5，19a，19b）和应变仪（SG）的输出连接匹配装置（10）然后连接ADC E14-440的输入。在这里，信号被数字化反馈到计算机（12）。

7.2.3 杆类结构缺陷的多参数识别算法

本节介绍了杆结构中缺陷参数的多参数识别算法、固有频率后续图形可视化、谐振振动模态参数的定义、缺陷位置及其大小。

用测量装置和原始软件进行杆类结构缺陷识别的步骤如下。

（1）诊断系统硬件的组装，即连接传感器、放大装置、传输路径、收集和处理信息等装置。

（2）激励振动并收集杆结构的固有频率和振动模态的信息。

（3）用本书中的方法进行缺陷分析。

分析结果包括缺陷的位置坐标和尺寸。该算法为振动诊断的一部分，用于杆结构缺陷的多参数识别。

图7.2给出了杆结构中缺陷的多参数识别算法。该算法包括下列单元。

（1）振动控制单元（包括计算机、DAC、放大器、激振器）——控制模型强迫振动的参数。

（2）数据收集单元（包括计算机、ADC、放大器、外部传感器和结构振动过程参数数据收集装置）——测量模型的振动参数。

（3）处理单元（包括计算机、应用程序模块和表示软件工具）——对模型振动的测量信号进行初步处理。

（4）杆件结构数据库（含软件工具）——收集并存储杆件结构模态参数信息。

（5）分析单元（含软件工具）——模型振动过程的参数数据处理。

（6）信息输出单元——显示振动参数的图形数据并保存报告数据。

第一阶段（全尺寸模型实验），用计算机作为振动控制装置并进行数据采集，并使用相应的软件控制信息采集过程，同时控制匹配装置的振动参数和外部电子单元。

在收集杆结构幅频特性主要信息的循环过程阶段，将振动激励的频率参

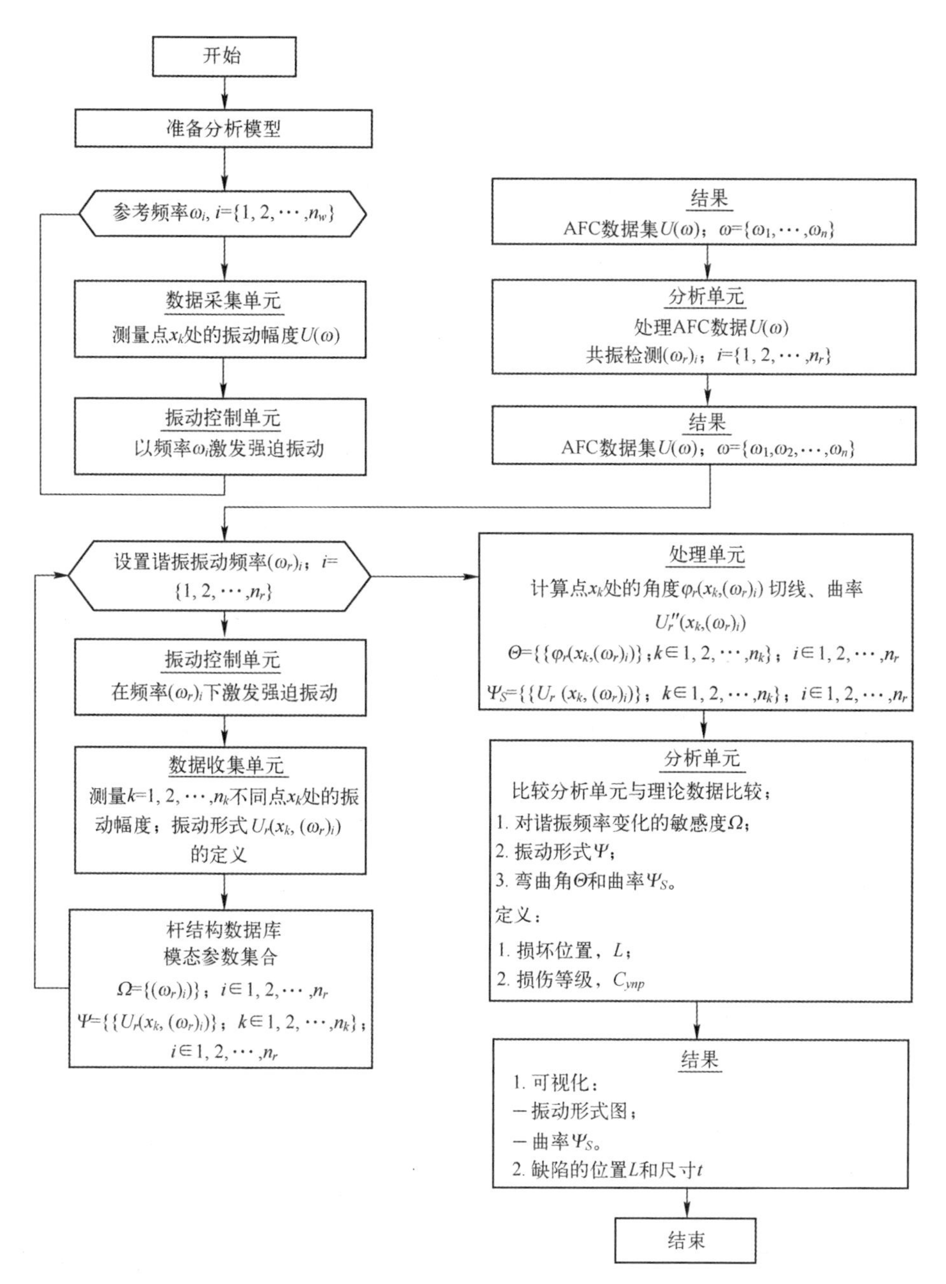

图 7.2　杆结构缺陷多参数识别算法

数设定在实验所需的极限 $\omega_i \in [\omega_1, \omega_{nw}]$ 上，随步长 $dw=(\omega_{nw}-\omega_1)/(nw-1)$ 而变化，其中 nw 是分析的频率数。在每个步骤中，在振动控制单元的帮助下，在结构的某个点x_k处以频率ω_1激励杆结构的振动。振动过程稳定后，转换到数据收集单元。这个单元利用传感器（如位移的激光三角测量传感器）在几个点上收集振动指标。

数据收集完成后，过渡到周期的开始，设置一个新的频率$\omega_{i+1}=\omega_i+\mathrm{d}w$，重复杆结构的振动激励，收集有关振动的信息。在固有频率ω_i的重复周期中，单元操作的结果是在结构的某个点x_k处的数据阵列$U_i(x_k,\omega_i)$，呈现为给定点处结构的幅频特性（AFC）。在下一个阶段，将创建依赖项$U_i(x_k,\omega_i)$的图形图像，并将数据存储到文件中。在数据处理单元中，对测得的AFC $U_i(x_k,\omega_i)$进行处理，并确定固有频率ω_{ri}。在输出单元中，关于谐振特征频率的信息被输出到屏幕或存储在文件中。

下一步是在选定固有频率上收集有关谐振振动形式的信息。首先，以rn次重复的特征频率ω_{ri}设置循环参数。利用振动控制单元，振动在相应的固有频率ω_{ri}处被激励，数值为ri。在数据收集单元中，沿着结构长度方向的不同点测量振动的振幅。然后，将这些数据合并到数组中，就得到了在固有频率为ω_{ri}、坐标为x_k的k点处结构的振动形状。在数据处理单元中，通过计算振幅组合点处的切线之间的角度，并构造角度$\phi_{ri}(x_k,\omega_{ri})$和曲率$U''_{ri}(x_k,\omega_{ri})$的阵列，重新计算每个点对应振动形式的主要振幅特征。在下一阶段，将相应振动形式、切向角和固有频率的数据存储在杆结构数据库中。

完成测量振动形式参数、计算各点切线角度和曲率参数这个循环程序后，向分析单元过渡。这个单元将确定频率对存在缺陷的灵敏度，分析了振动形式的特征以确定缺陷的位置L、其相对刚度C_{el}和深度t。在下一个输出单元中，振动形式$U_{ri}(x_k,\omega_{ri})$、角度$\phi_{ri}(x_k,\omega_{ri})$、点处的曲率$U''_{ri}(x_k,\omega_{ri})$，可能的位置$L$和深度$t$以图形方式输出到屏幕上，并将完成的工作报告保存在文件中。

7.2.4 梁结构模态特性的实验测量技术

本节主要介绍测量技术。该技术用“Vibrograf”软件对模型试样振动激励的振动参数和实测振动参数的采集进行控制，由测量装置中的电磁振动器来激励振动，该振动器安装在梁结构中先前选定的振动激励点附近。

位移和变形的测量由安装在悬臂梁侧面标记计算点处的应变计、压电、光学位移传感器和加速计进行，可以进行串行（并行）时间记录和信号光谱处理。应变计安装在尽可能靠近夹紧的位置，振动传感器安装在磁性支架上。

综上所述，测量步骤总结如下。

（1）标出各点，测量振动参数，并在杆面上计算点设置振动传感器。

（2）以所需频率在模型中激励强迫振动。

（3）利用所有传感器，通过 Le-Croy 示波器或 ADC 计算机设备记录杆的相应点（或三角形结构的下侧点）的变形、挠度和振动位移。

（4）当达到固有频率时，首先在磁体上的振动传感器上记录振动位移，通过将传感器挂接在每个点上，记录结构稳定后的振动位移；在移动梁上的激光三角测量传感器（RF603）的帮助下记录振动位移，并在每个标记点进行定位。

（5）转换到下一个频率的激励。

（6）对于带有切口 $t_1, t_2, \cdots, t_n$ 的每个试样。重复步骤（2）~（4）频率从 0 变化到 2000Hz，振动激励的频率以 0.5Hz 的间隔自动变化。

（7）结构单元模型的幅频和模态特性的测量结果以文字和图形形式记录在测量规程中。

7.2.5 梁结构振动参数自动测量软件

为了实现振动参数的自动测量和梁结构动态变形图像的生成，开发了软件“VibraGraf”，并用 Visual Delphi 编写。这项研究是在南联邦大学 I. I. Vorovich 数学、力学和计算机科学研究所进行的。

该计算机程序包括以下五个模块：“分光镜”模块；“示波器”模块；“摄谱仪”模块；“信号视图”模块；“调谐”模块。

我们先介绍软件“VibroGraf”。“分光镜”模块能在选定的频率范围内收集测试梁结构的稳态强迫振动的幅值-时间特性（ATC）数据。将测得的振动图像的数据记录在内存缓冲区中，分析缓冲区并在当前频率下选择振动的范围和振幅。结果可以保存为文本数据或图形化。

“示波器”模块能在选定频率或阻尼振动下获得结构振动实际的振幅-时间特性。该模块可显示振动测量参数（振幅）的特定数据阵列的图形图像。此外，还对该阵列的幅频响应进行了计算和输出。本模块可对结构振动传感器的参数进行初级和更精确的调整。此外，测量的振动参数数组存储在计算机内存中。

“摄谱仪”模块用于构建所获得变形图像的幅频特性（幅时特性），构建图像的若干点是由基于快速傅里叶变换算法的计算机程序确定的。

“信号视图”模块（可视化）用于输出和处理来自内存的变形图像数组（幅时特性）的数据。

“调谐”模块用于调整模数转换器的通道和频率。

操作“VibroGraf”软件的程序如下。

计算机程序的开发界面直观清晰，面向受过普通训练的用户。启动程序后，需要对 ADC 模块进行初级调谐。要执行此操作，请转到“设置”界面（图 7.3）。

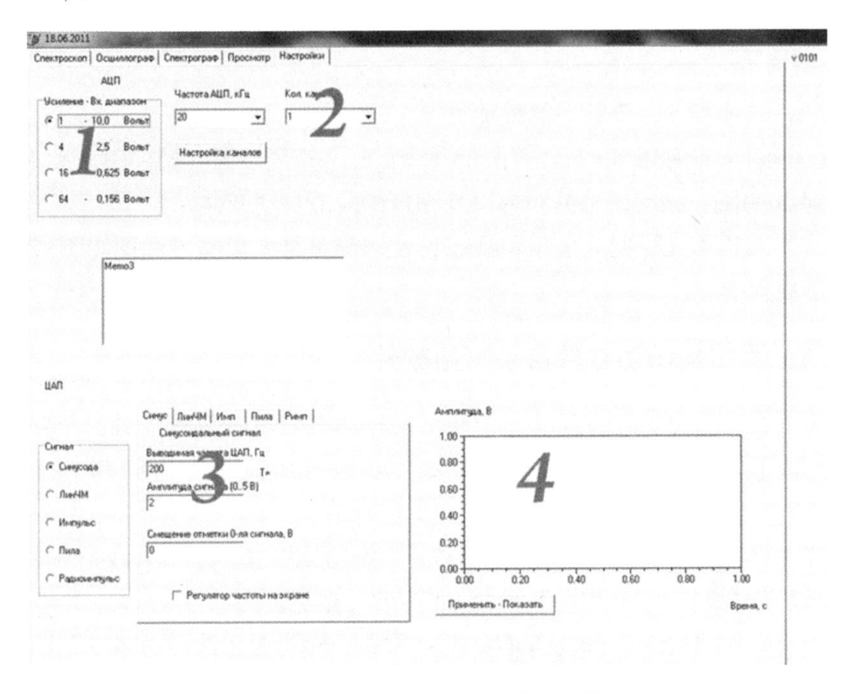

图 7.3　软件“Vibrograf”“设置”界面

在界面 3 中，选择激振力信号的形状和振幅。窗口 4 显示选定的激振力信号。界面 1 允许用户调整 ADC 放大器。要选择测量通道的数量，请参阅下拉列表 2（其数量不超过模块 E14-440 的最大可能数量）。

在“调谐”模块（图 7.4）中，用户必须对测量传感器进行校准：在校准位移幅度时设置标号的零位。窗口 1 显示信号输出。首先，需要使用按钮 2 开始数据注册。界面 3 显示当前振幅的最大值和最小值。在窗口 4 中，通过使用一个常数乘法器和求和器，调出合适的显示信号。

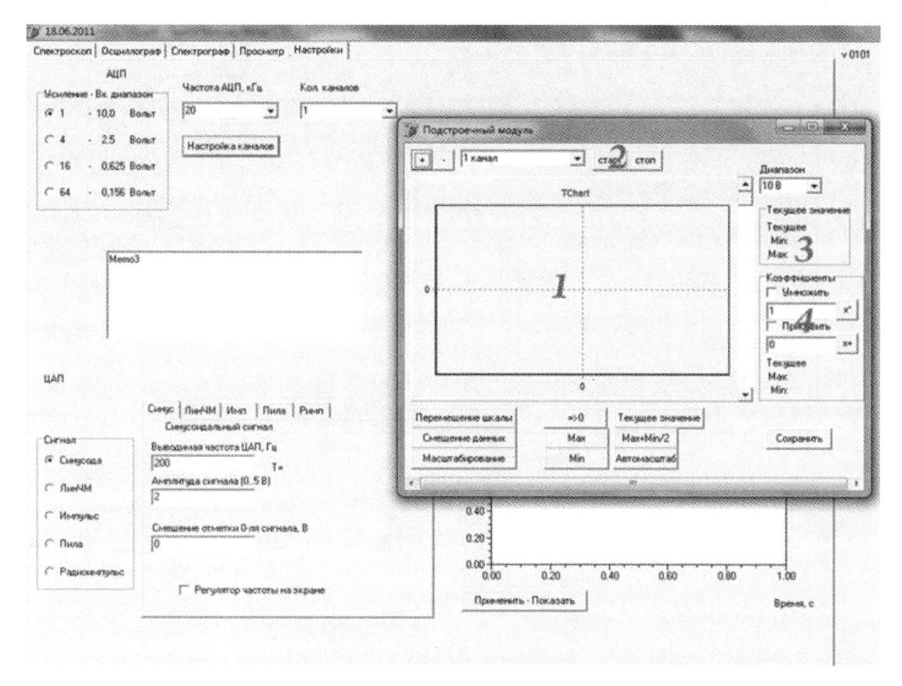

图 7.4　软件“Vibrograf”的“调谐”模块

用扫描法在所有频率范围内收集结构 ATC 的测量过程。首先，需要调整 ADC 和 DAC 参数。为了测量结构的 ATC，进入“Vibrograf”软件的“光谱仪”界面（图 7.5）。界面 2 可设置研究的频率范围。界面 3 可设置 DAC 的电压幅值并能进行以下操作：频率扫描、缩放和标记。

界面 4 用于缩放不同测量通道的信号振幅和最大振幅。程序报告实验的当前状态，以及窗口 5 中的错误。可以将结果图保存为图像或点数组，也可以通过加载现有的数组进行绘图。为此，我们需要参照界面 6。最后，当所有参数设置完毕后，单击按钮 7 开始实验。

首先，程序需要在数据采集模态下启动，即频率采样，在之后绘图时，我们可以确定最大值（最小值）并设置标签。为此，在界面 3 中设置标签的模态。然后单击图形的任意点，突出显示其坐标，其中一个点的横坐标表示频率，纵坐标对应于振幅。为了确定振动激励信号的参数，进入软件“Vibrograf”的“示波器”（图 7.6）界面。

在窗口 1 中，数据注册后，显示出该信号的时间波形。窗口 2 显示随时间变化的最大振幅。

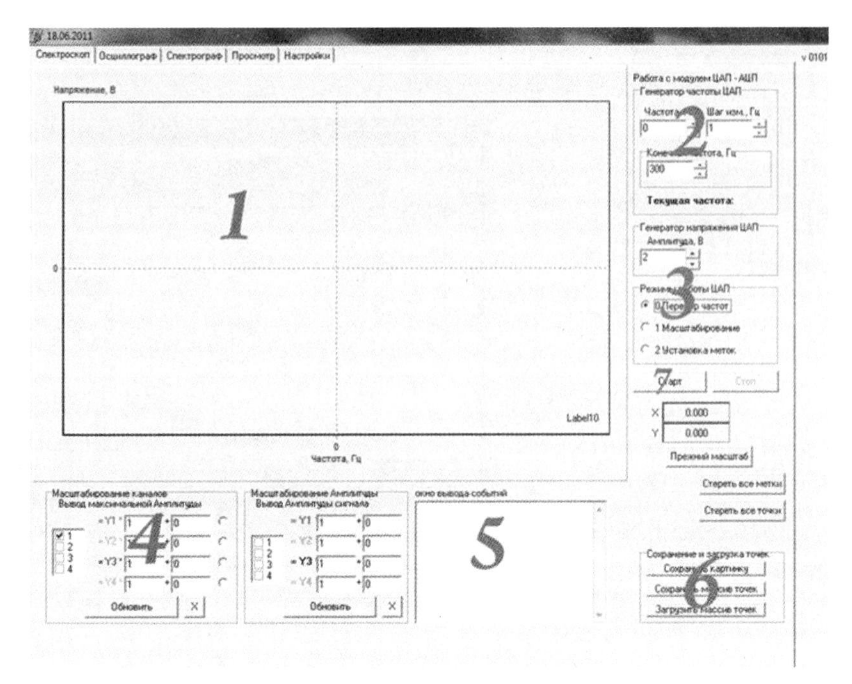

图 7.5 软件“Vibrograf”的“分光镜”界面

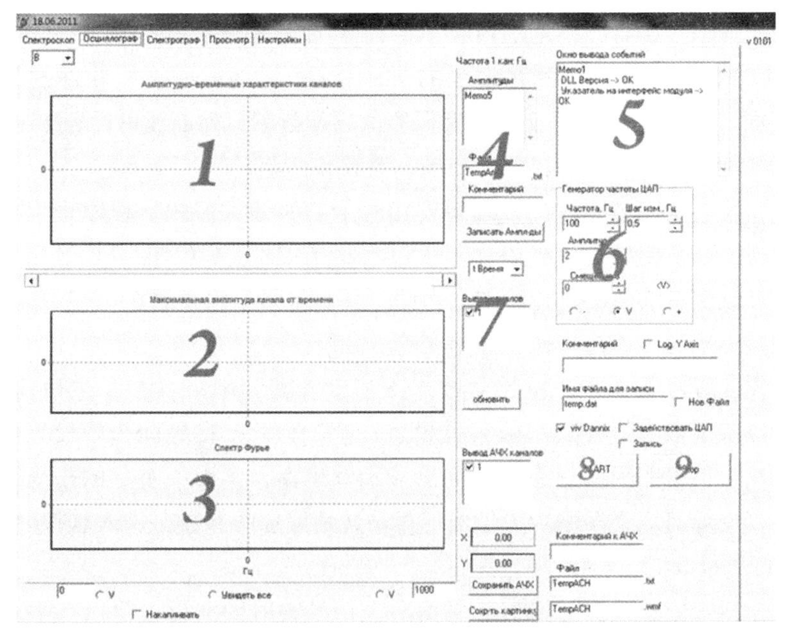

图 7.6 “Vibrograf”软件的“示波器”界面

在窗口 3 中，使用快速傅里叶变换显示频率的频谱。界面 4 记录信号振幅，并可存储这些数据。我们可以从列表 7 中选择我们想要工作的测量通道。首先，为了记录一个特定杆点的偏移量，我们必须选择第一个测量通道。窗口 5 显示测试流程和服务消息。界面 6 显示 DAC 的频率发生器。这里需要设定激振力的频率。单击按钮 8 启动实验，单击按钮 9 停止实验。

7.3 判定悬臂型梁结构缺陷的计算-实验方法

7.3.1 研究对象

物理模型用梁模型表示。梁的尺寸如下：长度 $L=250$mm，矩形截面尺寸为 $b \times h = 4\text{mm} \times 8\text{mm} = 32(\text{mm}^2)$。材料为 St10（弹性模量 $E=2.068 \times 10^{11}$ MPa，材料密度 $\rho=7830\text{kg/m}^3$）。梁的左端有一个刚性钢箍，尺寸为 17mm×28mm×48mm。缺陷是通过在 L_{cut} 位置切割 1mm 宽的梁来实现的。每次测量 AFC 后，按照之前算法所需的缺陷深度来持续切割缺口。

7.3.2 全尺寸实验

这是一个测量梁结构的受迫振动的示例。在 0~2000Hz 的频率范围内定义幅频特性；该范围是从硬件部分中传感器的灵敏度设置条件中选择的。用移动的光学传感器（10）和（11）（图 7.7），在一阶、二阶和第三阶振型上连续记录沿试样长度的垂直位移振幅分布。根据得到的数据，恢复了三种振动模态的振型。应该注意的是，为了可靠地恢复振型，强迫振动的振幅必须至少比由机械和电气造成的“噪声”的振幅大一个数量级。所述杆模型（1）的试样安装在底座（3）上，所述梁的右端自由，左端通过支撑架（2）的支架刚性固定。

杆模型的试样（1）安装在底座（3）上。梁的右端为自由端，左端由支撑架（2）的支架刚性固定。由电磁体（4）提供谐波变化的横向集中力，试样产生稳定的振动。信号的形状和幅度在计算机软件“VibroGraph”中设置，并传输到 DAC E14-440(7)。然后使用前置放大器 LV102 (5)激活电磁振动器，以激励结构中的振动。发电机 G6-27(6)可作为一种激励谐波加载的重复装置。频率计数器 SFG-2104(8)和数字示波器 lecroyws -422(9)提供对来自 DAC 的信号的激励频率和振幅的附加控制。梁振动的部分动能被传输到敏感单元（10）、（11）

和（12）。该信号通过匹配设备（13）传输至外部 E14-440 模块（7），之后可在计算机上再现数字化信号。采用测量幅频特性的软件（“Vibrograf”），对模数转换（ADC）模块 E14-440 实时接收的实验数据进行处理。

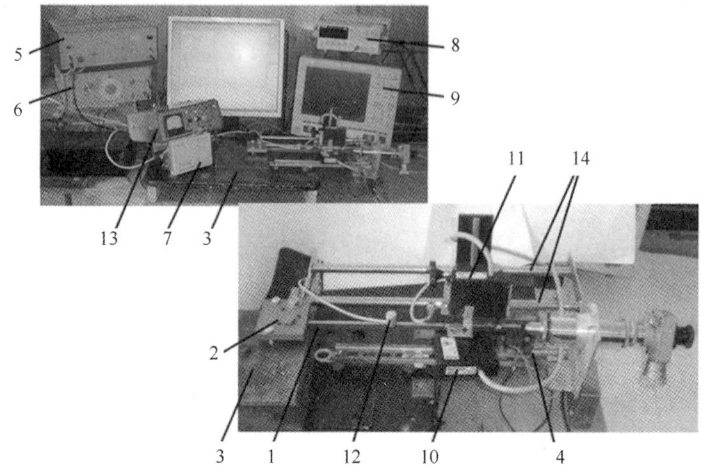

1—试样；2—支架座；3—底座；4—电磁励磁器EMV210；5—功率放大器LV102；6—发电机G6-27；7—ADC/DAC e14 - 440；8—频率计数器SFG-2104；9—数字示波器LeCroy WS-422；10—用于水平测量的光学传感器RF603；11—用于垂直测量的光学传感器RF603；12—ADXL-203型振动传感器；13—配套装置；14—光传感器的导杆。

图 7.7　测量装置结构图

通过传感器（11）的导轨（14），可以改变传感器相对于测试试样的位置，这样就可以测量沿梁水平轴的任何点上的偏转。

7.3.3　测定悬臂梁缺陷的计算-实验方法

1. 用测量装置对带切口悬臂梁的频率和振动形式的实验研究

在第一阶段，在梁模型的各个点测量 AFC。切口位于 $L_c=0.25$ 处。切口如下所示：$t=0.30(a=2.4\text{mm})$；$t=0.50$（$a=4\text{mm}$）；$t=0.70(a=5.6\text{mm})$；$t=0.86(a=6.9\text{mm})$。对没有切口的模型也进行了测试($t=0$)。

使用加速度计在 1~2000Hz 的频率范围内进行测量。加速度计（双轴振动传感器 ADXL-203）安装在距离梁固定端 $L=15\text{mm}$ 处。此外，用两个在梁水平面和垂直面上横向振动的光学传感器 RF-603 测量了两个 Oxy 和 Oxz 平面的横向位移。

“Vibrograf” 和 “PowerGraf” 软件在测量悬臂梁模型冲击和振动激励下的 ATC 响应时的运行示例如图 7.8~图 7.11 所示。

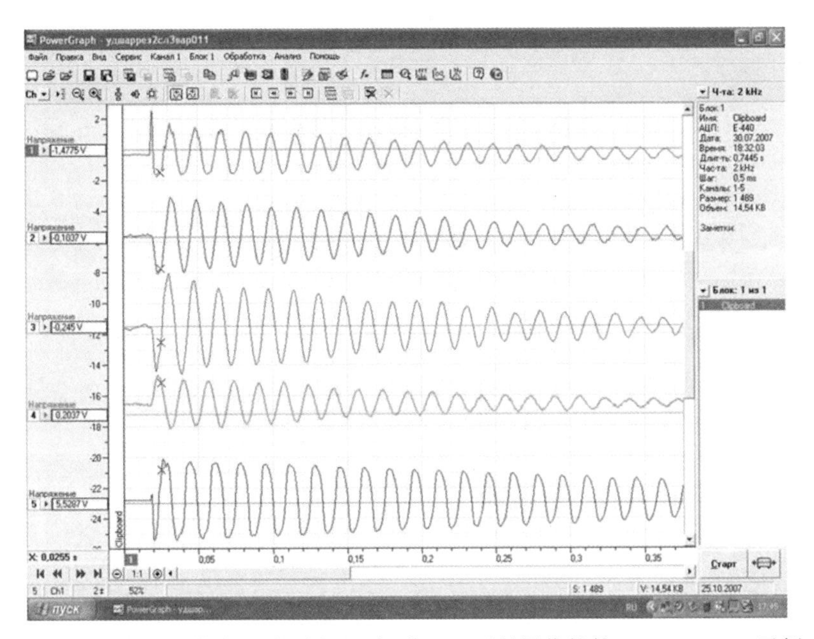

图 7.8　使用 5 个传感器测量梁阻尼振动 ATC 时的操作软件“PowerGraf”示例

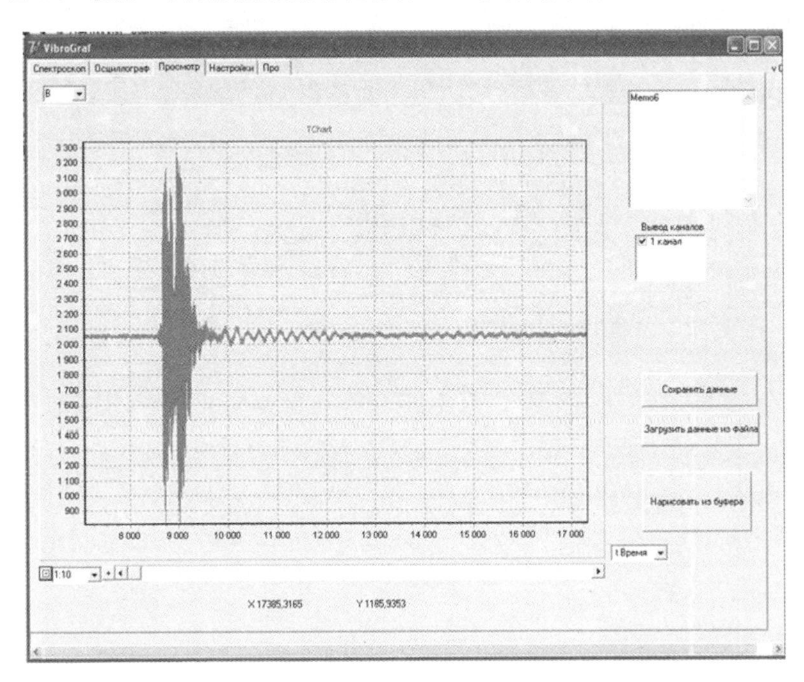

图 7.9　“Vibrograf” 软件的 “View” 界面示例：由加速度计
测量输出到工作界面的结构对冲击激励的响应阻尼信号图

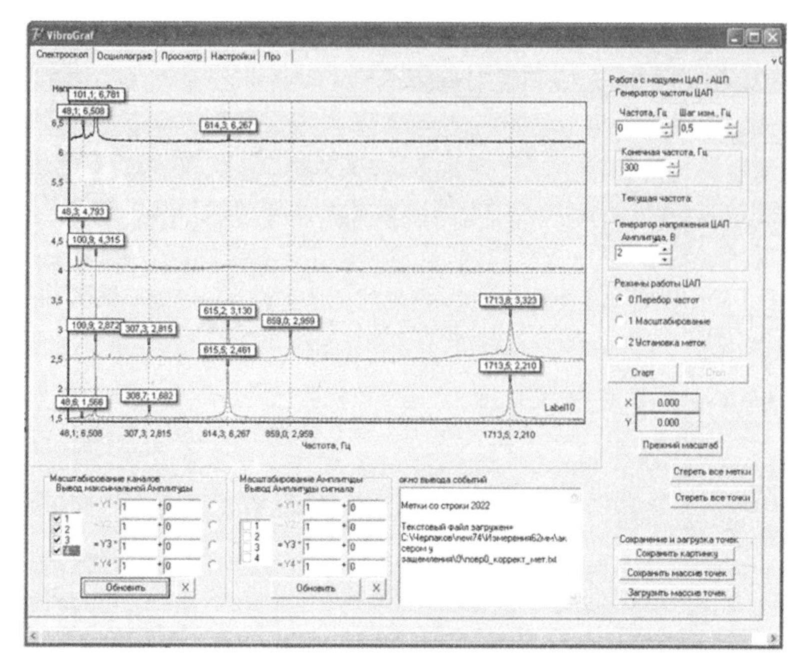

图 7.10 “Vibrograf”软件的“Spectroscope”界面示例：用 4 个传感器确定梁振幅响应

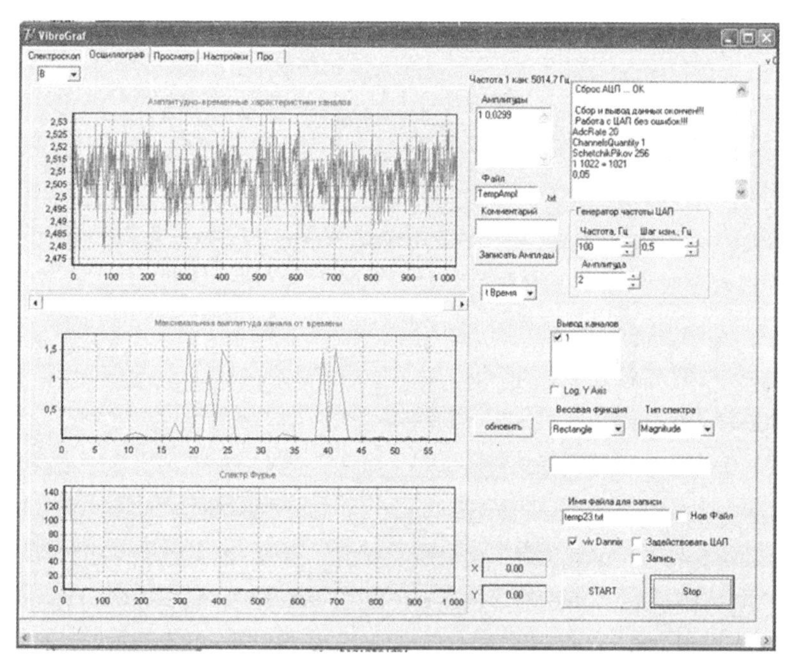

图 7.11 软件“Vibrograf”的“示波器”界面示例：使用位移传感器测量 ATC

图 7.12 给出了梁在不同切口处的振动频率响应，利用加速度计对不同切割值的梁结构的 ATCs 进行了测量。加速计传感器的位置应确保其对杆垂直面内振动的灵敏度最大。幅频特性分析表明，与试样在垂直面上的振动相对应的谐振具有最大的振幅响应，而与试样在水平面上振动的谐振相关的振幅响应较小（图 7.12）。

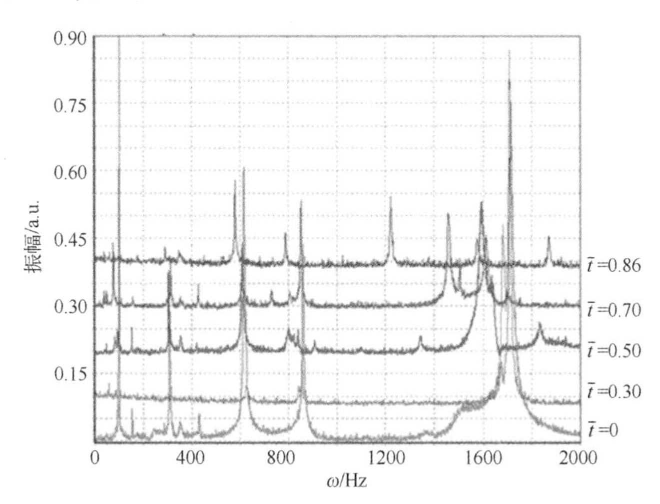

图 7.12　距离梁固定端 L_c = 0.15 处梁的幅频特性：使用加速计进行的测量

2. 有限元建模

本节利用有限元软件 ANSYS 建立了悬臂梁的三维有限元模型。依据第 6 章中的原理，对梁结构进行了建模。

在对带有缺口的梁的振动进行有限元计算的结果中，得到了一组固有频率和相应的振动形式。为了比较梁自身的振动模态图（对于 Oxy 平面中的振动模态，梁上表面点的垂直位移），切口位于点 L_c = 0.25 处并且具有不同的深度 t，如图 7.16（a）、（c）和（e）所示。图中显示了梁的自由端处点的位移幅度相关的无量纲特性和参数。

曲线图显示横向位移振幅沿梁的长度 L 分布，范围为 0.02L。计算时，缺口的相对深度 $t = t_i / a$（其中 t_i 是所考虑的切口深度的绝对值，a 是梁横截面的高度），假设值为 0.30、0.50、0.70 和 0.86，则完整梁 t = 0。

在有限元建模中，通过比较梁支承处不同刚度情况下的固有频率的偏差，评估了所建模型相对于实验模型的充分性。表 7.1 给出了实验得到的固有频率和梁模态参数的有限元计算结果。在实验和计算的基础上，通过比较频率来计算相对频率偏差，其计算公式如下：

$$\Delta=\frac{\omega_e-\omega_{FE}}{\omega_e}\times100\% \tag{7.1}$$

表 7.1 使用 ANSYS 软件计算并在实验中获得的梁振动固有频率

振动模数	缺陷 t 的归一化尺寸									
	0		0.30		0.50		0.70		0.86	
	有限元	测试	有限元	测试	有限元	测试	有限元	测试	有限元	测试
	偏差 Δ/%		偏差 Δ/%		偏差 Δ/%		偏差 Δ/%		偏差 Δ/%	
1	53.0	48.7	52.6	48	52.0	47	50.9	45	42.1	38
	8.1		8.8		9.7		11.6		9.6	
2	97.9	101	95.6	99	90.3	93	75.5	75	48.6	44
	-3.2		-3.6		-3.0		0.6		9.5	
3	332.6	308	332.6	311	332.6	303	331.8	312	330.5	288
	7.4		6.5		8.8		6.0		12.9	
4	621.2	615	618.5	624	613.0	607	598.5	607	574.2	577
	1.0		-0.9		1.0		-1.4		-0.5	
5	931.8	858	927.2	855	919.3	838	904.4	851	847.9	786
	7.9		7.8		8.8		5.9		10.2	
6	1746.4	1675	1704.6	1683	1619.2	1594	1446.8	1455	1258.1	1223
	4.1		1.3		1.6		-0.6		2.8	
7	1826.7	1713	1817.6	1710	1802.9	1637	1776.6	1611	1729.5	1576
	6.2		5.9		9.2		9.3		8.9	

计算模型和实验模型的固有频率对比分析表明，在模型最大弯曲刚度的平面上，即第二阶、第四阶和第六阶振型，差异最小。第 2~7 阶振型的频率偏差在 12.9%的范围内，这是模型的一个充分近似的判据。

下一阶段，得到了梁模型在垂直平面的横向振动形式。对试样上表面上 13 个坐标固定的点进行测量。每个点上，测量了在固有频率下激励的振动振幅的 5 个测量值。对每个点的振幅集的值取平均值。绘制了模型在前三阶模态垂直面的横向振动形式图。利用有限元软件 ANSYS 求解模态问题，构建了振动形式。

为了比较振动模态的实验数据和计算数据，根据位于梁自由边缘的点处的振幅对振幅进行归一化。实验获得的第一阶、第二阶和第三阶振型与计算得到的振型相比较，分别如图 7.13~图 7.15 所示。

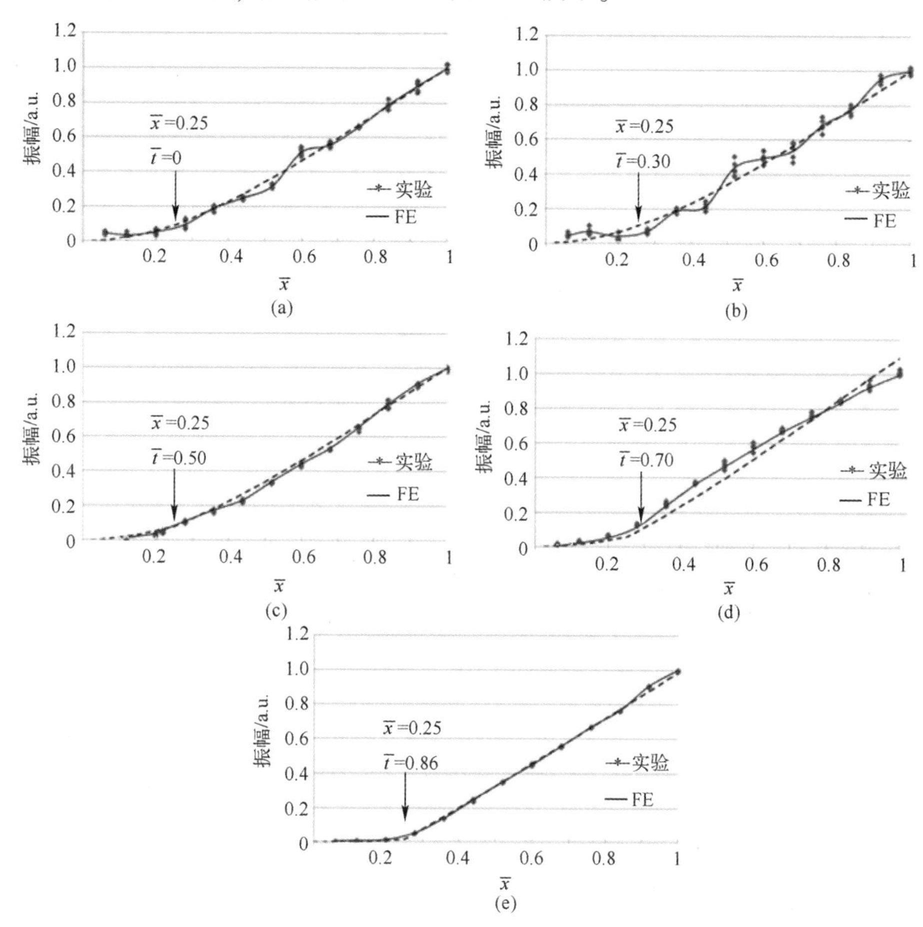

图 7.13　缺陷尺寸 t 时，带缺口梁 $L_c=0.25$ 处的垂直面上模态 I 的振动形式

(a) $\bar{t}=0$；(b) $\bar{t}=0.30$；(c) $\bar{t}=0.50$；(d) $\bar{t}=0.70$；(e) $\bar{t}=0.86$。

注：·各点振动幅度的测试值；----振动振幅测试值的平均曲线；

——使用 ANSYS 软件进行数值计算。

全尺寸梁模型的振动形式的各个点的振幅分散度在 7.5%以内，这个结果十分理想。实验得到的振动形式要想和有限元建模得到的振动形式近似取决于：①光学传感器的精度；②反射表面的纯度；③反射表面相对于光学传感器接收表面的倾斜角度；④传感器到梁表面的距离；⑤激振电磁铁的参数和整个装置的稳定性；⑥固有频率的激励精度和与振动噪声阈值对应的功率幅度。

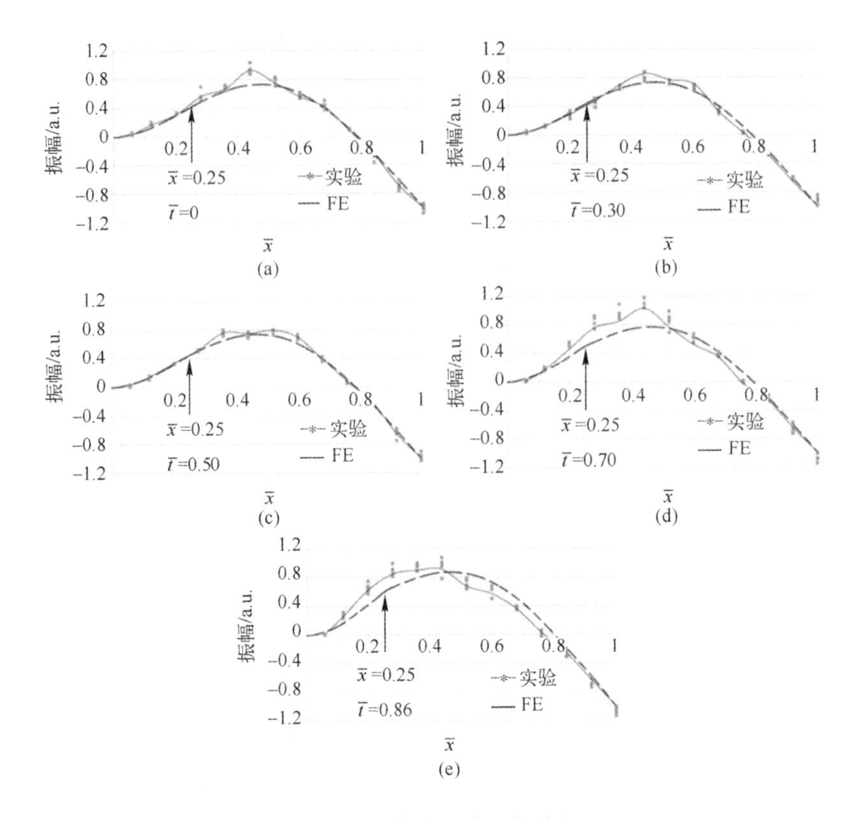

图 7.14　缺陷尺寸 t 分别为

（a）$\bar{t}=0$；（b）$\bar{t}=0.30$；（c）$\bar{t}=0.50$；（d）$\bar{t}=0.70$；（e）$\bar{t}=0.86$ 时，

带切口梁在 $L_c=0.25$ 处的垂直面上模态Ⅱ的振动形式

注：· 各点振动幅度测试值；----振动振幅测试值的平均曲线；

——使用 ANSYS 软件进行数值计算。

3. 通过实验和有限元建模获得的振动形式的比较

将数值计算结果［图 7.16（a）、（c）、（d）］与物理实验数据［图 7.16（b）、（d）、（e）］得出的振动形式图进行对比得出：在 $L_c=0.25$ 处，$t=0.30$、0.50、0.70、0.86 处的扭结（弯曲），在完整梁的振型图中没有出现。在两个振型图上，这些扭结（弯曲）在曲线上十分明显，其为深度 $t \geqslant 0.50$ 的切口处的梁的振动。不同之处是在切口深度较小的梁的振型图上，除了在 $L_c=0.25$ 处有扭结外，在坐标为 $L_c>0.25$ 处也有一些扭结。在有限元计算结果图中，没有这样的扭结。这是因为在利用三角测量传感器收集试样表面运动的数据时，位移参数有一个扩展。

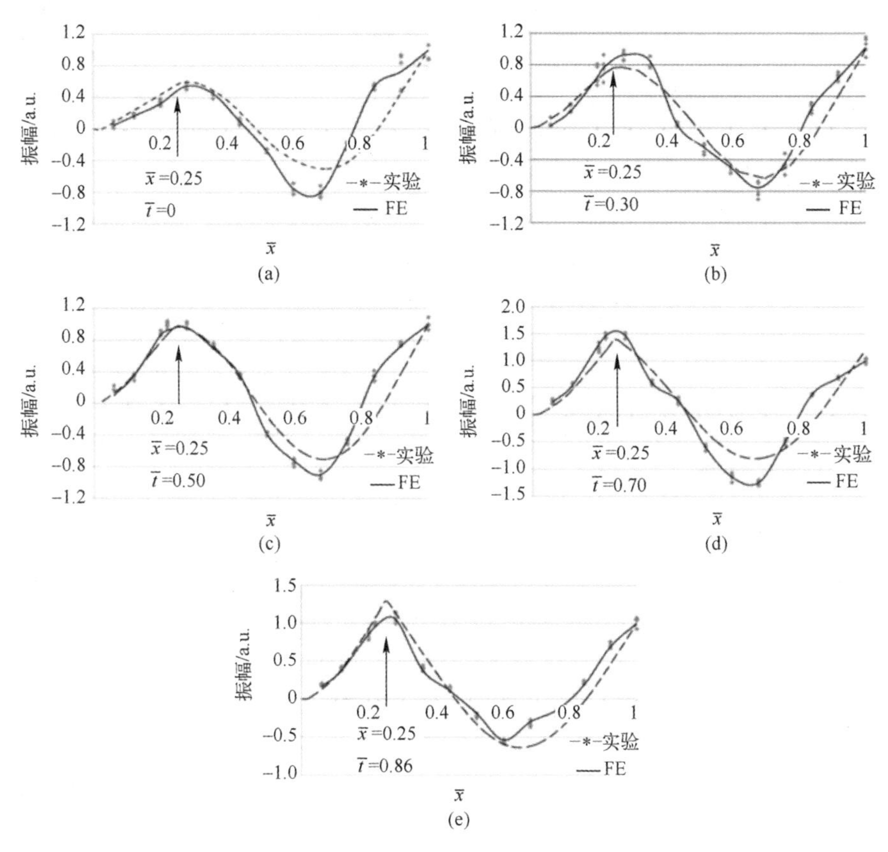

图 7.15　缺陷尺寸 t：

（a）$\bar{t}=0$；（b）$\bar{t}=0.30$；（c）$\bar{t}=0.50$；（d）$\bar{t}=0.70$；（e）$\bar{t}=0.86$ 时，

缺口 $L_c=0.25$ 的梁垂直面内模态Ⅲ的振动形式

注：·各点振动振幅的测试值；----振动振幅实验值的平均曲线；

——利用 ANSYS 软件进行数值计算。

本节中，得到了前三阶固有频率下带切口杆的振动形式。可以看出，在图 7.16（d）和（e）中，上述特征（曲线突变）要比第一阶和第二阶振型曲线上的特征明显得多。第三阶模态振动形式的扭结坐标与缺陷的位置一致，因此它可以作为主要诊断标志来表征结构中的缺陷位置。分析表明，利用振型曲线参数的实验数据定位缺陷的误差不超过 8%，因此该识别方法可以在实践中应用。

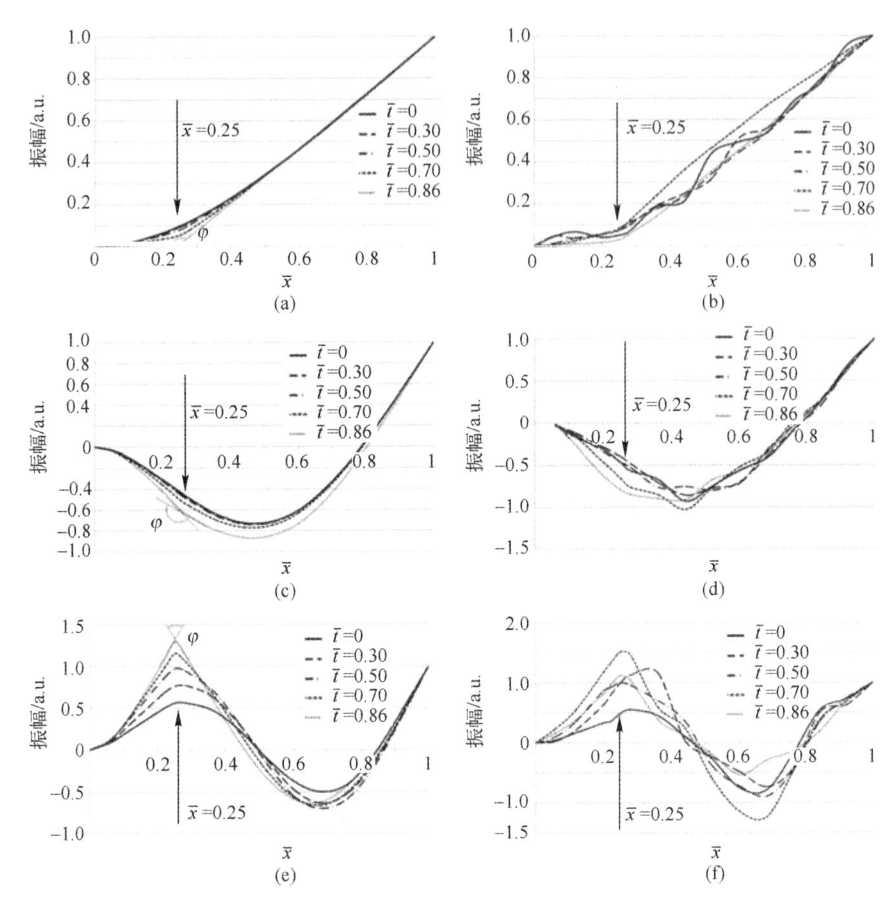

图 7.16　不同切口深度下，带切口的梁（距离夹点距离 L_c=0.25）横向振动的一阶模［(a)、(b)］态、二阶模态［(b)、(c)］和三阶模态［(e)、(f)］振幅：(a)、(c)、(e) 为数值计算；(b)、(d)、(f) 为全尺寸实验

缺陷尺寸的动态变化可以通过与梁点处振动形式图的切线之间的角度 ϕ 来估算，该角度对应于缺陷的坐标。为了量化角度随切口深度增加的动态变化，根据切口在不同切口深度 t 处的位置 L_c，计算了角度 φ 的值。根据有限元计算结果，绘制了前三阶振动模态的相关曲线 $\phi(L,t)$（图 7.17）。

对这些曲线图的分析表明，仅第一阶和第三阶曲线的切线间角度 φ 随着缺口深度从 t=0.3 增加到 t=0.86 而减小，并且该特征清楚地体现在位于夹点

距离 $L_c = 0.25$ 处。在计算图和实验图中都可以观察到角度 φ 的减小。

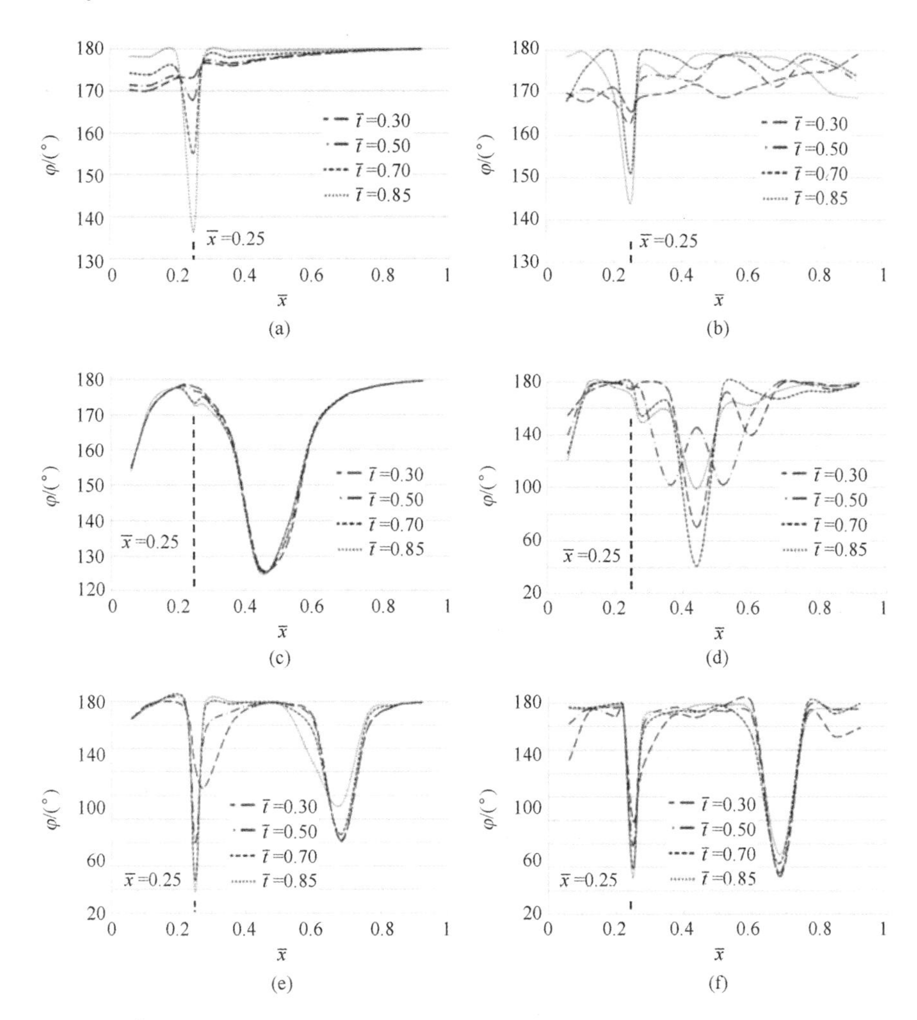

图 7.17　在梁缺口不同深度 t 的振型曲线的切线角度 φ 变化的有限元计算［(a)、(c)、(e)］和实验［(b)、(d)、(f)］的结果对比图：(a)、(b) ——一阶模态；(c)、(d) —二阶模态；(e)、(f) —三阶模态（缺口位置 $L_c = 0.25$）

将 $\phi(L,t)$ 图的切线方向的角度动态变化进行量化，对计算数据进行处理，结果如表 7.2 所示。从这些数据可以得出两个结论：第一，缺口深度 t 在 0~0.30 时角度 φ 变化不大；第二，当 t 由 0.3 变化到 0.7 时，与第一阶和第三阶振型相关的角度 φ 随着缺口深度的增加而显著减小。

表 7.2　坐标为 $L_c=0.25$ 点振动形式图上的角 φ

谐振振动模数	切线之间的角度 φ/(°)（有限元计算/实验）			
	相对缺口深度 t			
	0.30	0.50	0.70	0.86
1	173.2	167.8	155.1	136.3
	165.6	163.0	151.0	144.1
2	178.0	176.8	173.3	172.6
	174.4	176.4	179.3	169.3
3	124.1	60.3	27.8	18.3
	80.1	58.4	39.2	31.0

在第二阶振动模态中，该特征没有表现出来。值得注意的是，角度 φ 在振动的第三阶模态时减小幅度最大，为 84.1%，而第一阶模态的减小幅度为 22.6%。这也可以从三种振动模态的 $\varphi(t)$ 曲线图看出，如图 7.18 所示。

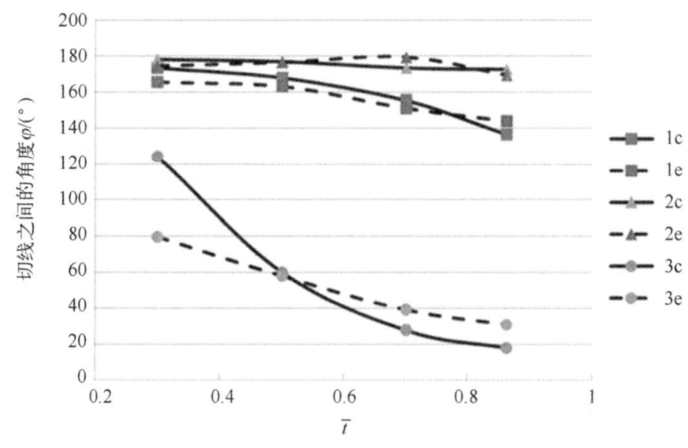

图 7.18　梁上坐标为 $L_c=0.25$ 的点振动形式曲线的切线间角度 φ 的变化：
1c，2c 和 3c 分别为第一、第二和第三振动模态的计算值；
1e，2e 和 3e 分别为第一、第二和第三振动模态的实验值

相关性曲线图和表格数据的分析表明，根据坐标 $L_c=0.25$ 的第三阶振动模态曲线切线之间角度 φ 的变化，可以准确地确定梁的缺口深度，这与梁上的缺陷坐标一致。需要补充的是，用该诊断标志可以估计出缺口的相对深度超过梁截面高度的 20%。

图 7.19 给出了梁模型第一阶振型在切割位置 $L_c=0.25$ 处，不同点的曲率

随切口深度 t 的变化曲线。第 6 章给出了曲率的计算方法。在使用软件 ANSYS 进行有限元计算的基础上，对振动形式曲线上存在缺陷的显著特征进行了分析。从振动形态的曲率曲线可以看出缺陷位置处曲线斜率较大。实验与计算的振幅矢量点的位置一致。

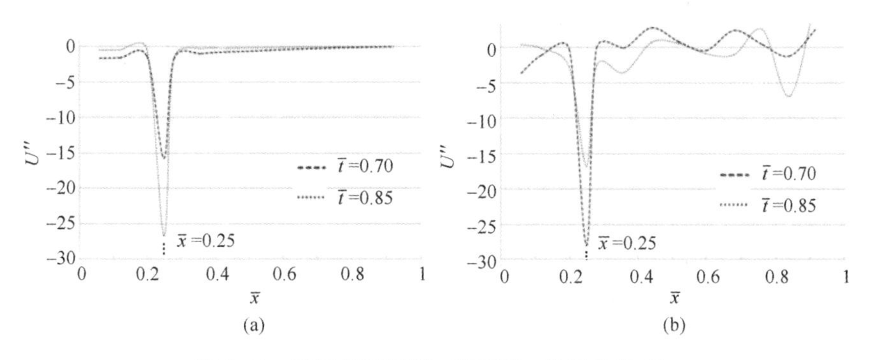

图 7.19　不同切口深度 t 值时第一振型曲率 U''；
（a）计算和（b）实验数据图（缺口位置 $L_c=0.25$）

由振型曲线的实验结果图可以看出，在梁切口 $t\leqslant0.5$ 时，其数据具有较大的离散性。因此，由于与测量振型参数相关的误差，很难确定这些切口在梁中的位置。

7.4　结　　论

（1）多通道信息测量系统的性能、组成和实验样本的构成被认为是一个提供振动过程的自动数据收集的体系，在振动诊断中具有对杆构件缺陷进行损伤评估的能力。软件“VibraGraf”使测量振动参数和获取所研究杆结构动态变形图像的过程自动化成为可能。操作实例表明，硬件的使用可以识别杆结构中的缺陷。

（2）对测定悬臂梁结构缺陷的计算–实验方法进行了验证。振动分析表明，有限元模拟得到的振动前七阶固有频率与实验得到的固有频率的偏差不超过 12.9%。

（3）介绍了该算法在梁结构缺陷识别中的应用。算例表明，数值结果与实验结果吻合较好，验证了所提识别方法的可操作性。

参考文献

1. Abdollahi, A., Peco, C., Millán, D., Arroyo, M., &Arias, I. (2014). Journal of Applied Physics, 116(9), 093502.
2. Adams, R. D., Cawley, P., Pye, C. J., & Stone, B. J. (1978). Journal of Mechanical Engineering Science, 20, 93.
3. Adhikari, S., Friswell, M. I., &Inman, D. J. (2009). Smart Materials and Structures, 18(11), 115005.
4. Advanced materials-manufacturing, physics, mechanics and applications, Springer Proceedings in Physics, IvanA. Parinov, Shun-HsyungChang, VitalyYu. Topolov (Eds.). Springer Cham, Heidelberg, NewYork, Dordrecht, London, 175, 707p. (2016).
5. Advanced materials-physics, mechanics and applications. Springer Proceedings in Physics, Shun-Hsyung Chang, IvanA. Parinov, Vitaly Yu. Topolov (Eds.). Springer Cham, Heidelberg, NewYork, Dordrecht, London, 152, 380p. (2014).
6. I. A. Parinov, S. H. Chang, S. Theerakulpisut (Eds.). Advanced materials-studies and applications, Nova Science Publishers, NewYork, 527p. (2015).
7. Advanced materials-techniques, physics, mechanics and applications, Springer Proceedings in Physics, IvanA. Parinov, Shun-Hsyung Chang, MuaffaqA. Jani (Eds.). Springer Cham, Heidelberg, NewYork, Dordrecht, London, 193, 637p. (2017).
8. Advanced nano and piezoel ectricmaterials and their applications, IvanA. Parinov (Ed.). Nova Science Publishers, NewYork, 250p. (2014).
9. Akopyan, V. A. (2009). Russian Journal of Nondestructive Testing, 45(3), 24.
10. Akopyan, V. A., Cherpakov, A. V., Rozhkov, E. V., &Soloviev, (2012). Testing and Diagnostics, 7, 50.
11. Akopyan, V. A., Cherpakov, A. V., Soloviev, A. N., Kabel'kov, A. N., Shevtsov, (2010). Izvestiya VUZov. North-Caucasus Region. Technical Sciences, 5, 21 (In Russian).
12. Akopyan, V. A., Kabel'kov, A. N., Cherpakov, A. V. (2009). IzvestiyaVUZov. North Caucasus Region. Technical Sciences, 5, 89 (In Russian).
13. Akopyan, V. A., Parinov, I. A., Rozhkov, E. V., Soloviev, A. N., Shevtsov, S. N., Cherpakov, A. V. (2010). Russian Patent for Utility Model No. 94302, 20. 05. 2010 (In

Russian).

14. Akopyan, V. A., Parinov, I. A., Zakharov, Y. N., Chebanenko, V. A., &Rozhkov, (2015). In I. A. Parinov, S. H. Chang, S. Theerakulpisut (Eds.), Advanced materials - studies and applications (p. 417). NewYork: Nova Science Publishers.
15. Akopyan, V. A., Rozhkov, E. V., Cherpakov, A. V., Soloviev, A. N., Kabel' kov, A. N., &Shevtsov, S. N. (2010). Testing and Diagnostics, 2, 49.
16. Akopyan, V. A., Rozhkov, E. V., Soloviev, A. N., Shevtsov, S. N., &Cherpakov, A. V. (2015). Identification of damages in elastic constructions: Approaches, methods, analysis (p. 74). Rostov-on-Don: Southern Federal University Press (In Russian).
17. Akopyan, V., Soloviev, A., Cherpakov, A. (2010). In A. L. Galloway (Ed.), Mechanical vibrations: Types, testing and analysis (p. 147). NewYork: Nova Science Publishers.
18. Akopyan, V. A., Solov'ev, A. N., Cherpakov, A. V., &Shevtsov, (2013). Russian Journal of Nondestructive Testing, 49(10): 579.
19. Akopyan, V. A., Soloviev, A. N., Kabel' kov, A. N., Cherpakov, (2009). IzvestiyaVUZov. North-Caucasus Region.Technical Sciences,1, 55 (In Russian).
20. Akopyan, V. A., Soloviev, A. N., Parinov, I. A., &Shevtsov, (2010). Definition of constants for piezo ceramic materials (p. 205). NewYork: Nova Science Publishers.
21. Anton, S. R. (2011). Multifunctional piezo electric energy harvesting concepts. PhD Thesis, Virginia Polytechnic Institute and State University, Blacksburg. Virginia.
22. Baker, J., Roundy, S., Wright, P. (2005). In: 3rd International Energy Conversion Engineering Conference, 170.
23. Bamnios, Y., Douka, E., Trochidis, A. (2002). Journal of Sound and Vibration, 256 (2): 287.
24. Belokon, A. V., Skaliuh, A. S. (2010). Mathematical Modeling of Irreversible Processes of Polarization. Moscow: Fizmatlit. (in Russian).
25. Bendsoe, M. P., Sigmund, O. (2004). Topology optimization: Theory, methods and applications. Berlin: Springer.
26. Biscontin, G., Morassi, A., Wendel, P. (1998). Journal of Vibration and Control, 4, 237.
27. Bishop, R. E. D., Johnson, D. C. (1960). The mechanics of vibration. Cambridge: Cambridge University Press.
28. Boltezar, M., Strancar, B., Kuhelj, A. (1998). Journal of Sound and Vibration, 211, 729.
29. Bovsunovsky, A. P., Surace, C. (2005). Journal of Sound and Vibration, 288, 865.
30. Bovsunovsky, A. P., Matveev, V. V. (2000). Journal of Sound and Vibration, 235, 415.

31. Bovsunovsky, O. A. (2008). Strength Problems, 5, 114.
32. Bowen, C. R., Butler, R., Jervis, R., Kim, H. A., Salo, (2007). Journal of Intelligent Material Systems and Structures, 18(1): 89.
33. Burtseva, O. V., Kosenko, E. E., Kosenko, V. V., Nefedov, V. V., Cherpakov, (2011). Don Engineering Bulletin, 4 (In Russian).
34. Capecchi, D., Vestroni, F. (1999). Earthquake Engineering and Structural Dynamics, 28, 447.
35. Cavallier, B., Berthelot, P., Nouira, H., Foltete, E., Hirsinger, L., &Ballandras, (2005). IEEE Ultrasonics Symposium, 2: 943.
36. Cawley, P., Adams, R. D. (1979). Journal of Strain Analysis, 14, 49.
37. Cerri, M. N., Vestroni, F. (2000). Journal of Sound and Vibration, 234, 259.
38. Chebanenko, V. A., Akopyan, V. A., Parinov, I. A. (2015). In I. A. Parinov (Ed.), Piezoelectrics and nanomaterials: Fundamentals, developments and applications (p. 243). NewYork: Nova Science Publishers.
39. Cherpakov, A. V., Akopyan, V. A., Soloviev, A. N. (2013). Technical Acoustics, 13, 1. (In Russian).
40. Cherpakov, A. V., Akopyan, V. A., Soloviev, A. N., Rozhkov, E. V., Shevtsov, (2011). Bulletin of Don State Technical University, 11(3): 312. (In Russian).
41. Cherpakov, A. V., Kayumov, R. A., Kosenko, E. E., &Mukhamedova, (2014). Bulletin of Kazan Technological University, 17(10): 182 (In Russian).
42. Cherpakov, A. V., Soloviev, A. N., Chakraverty, S., Gricenko, V. V., Butenko, U. I., (2014). Engineering Journal of Don, 31(4): 29 (In Russian).
43. Cherpakov, A. V., Soloviev, A. N., Gritsenko, V. V., &Goncharov, (2016). Defence Science Journal, 66 (1): 44.
44. Chondros, T. G., Dimarogonas, A. D. (1980). Journal of Sound and Vibration, 69, 531.
45. Chondros, T. G., Dimarogonas, A. D., Yao, J. (1998). Journal of Sound and Vibration, 215, 17. 172 References.
46. Chondros, T. G., Dimarogonas, A. D., Yao, J. (2001). Journal of Sound and Vibration, 239, 57.
47. Christides, S., Barr, A. D. S. (1984). International Journal of Mechanical Sciences, 26, 639.
48. Coppotelli, G., Agneni, A., BalisCrema, L. (2008). ISMA 2008 Conf., Leuven, Belgium, 18–20September, 2008.
49. Dado, M. H. F., Shpli, O. A. (2003). International Journal of Solids and Structures, 40, 5389.

50. Danciger, A. Ya. , Razumovskaya, O. N. , Reznichenko, L. A. , Sahnenko, V. P. , Klevcov, (2001, 2002). Multicomponent systems of ferroelectric complex oxides: Physics, crystallography, technology. Design aspects of ferro-piezo electric materials. (p. 800). Rostov-on-Don: Rostov State University Press, 1, 2, (In Russian).

51. Davini, C. , Gatti, F. , &Morassi, A. (1993). Meccanica Journal of the Italian Association of Theoretical and Applied Mechanics, 28, 27.

52. Beda, P. I. (Ed.). (1978). Defectoscopy of detail sat exploring of aviation techniques. Moscow: Voenizdat. (In Russian).

53. Deng, Q. , Kammoun, M. , Erturk, A. , &Sharma, (2014). International Journal of Solids and Structures, 51(18): 3218.

54. Dilena, M. (2003). InC. Davini & E. Viola (Eds.), Problems instructural identification and diagnostics: General aspects and applications. NewYork: Springer.

55. Dilena, M. , Morassi, A. (2004). Journal of Sound and Vibration, 276(1/2): 195.

56. Dirr, B. O . , Schmalhorst, B. K. (1988) . Transactions of the American society of mechanical engineers, seriesB. Journal of Engineering for Industry, 110, 158.

57. Duong, L . V. , Pham, M. T. , Chebanenko, V. A. , Solovyev, A. N. , &Nguyen, (2017). International Journalof Applied Mechanics, 9(6): 1750084.

58. DuToit, N. E. , Wardle, B. L. (2007). AIAA Journal, 45(5): 11261137.

59. Dutoit, N. E. , Wardle, B. L. , Kim, S. G. (2005). Integrated Ferroelectrics, 71(1): 121.

60. Elvin, N. , Erturk, A. (2013). Advances in energy harvesting methods. Heidelberg: Springer.

61. Erturk, A. , Inman, D. J. , Intell, J. (2008). Journal of Intelligent Material Systems and Structures, 19(11), 1311.

62. Erturk, A. , &Inman, D. J. (2011) . Piezo electric energy harvesting. NewYork: John Wiley and Sons, Ltd.

63. Feenstra, J. , Granstrom, J. , Sodano, H. (2008). Mechanical Systems and Signal Processing, 22(3): 721.

64. Parinov, I. A. (Ed.). (2012). Ferroelectrics and super conductors: Properties and applications (p. 287). NewYork: Nova Science Publishers.

65. Freund, L. B. , Herrmann, G. (1976). Journal of Applied Mechanics, 76, 112.

66. Gash, R. , Person, M. , &Weitz, B. (1983). Institute of Mechanical Engineering, C314/88, 463.

67. Ya, A. , Gladkov. (1989). Technical Diagnostics and Non-destructive Testing, 4, 14.

68. Gladwell, G. M. L. , Morassi, A. (1999). Inverse Problems in Engineering, 7, 215.

69. Goldfarb, M. , Jones, L. D. (1999) . Transactions - American Society of Mechanical

Engineers Journal of Dynamic Systems Measurement and Control, 121, 566.

70. Gounaris, G. , Dimarogonac, A. D. (1988). Computer and Structures. , 28, 309.

71. Gudmundson, P. (1982). Journal of the Mechanics and Physics of Solids, 30, 339.

72. Hald, O. H. (1984). Communications on Pure and Applied Mathematics, 37, 539.

73. Han, B. , Vassilaras, S. , Papadias, C. B. , Soman, R. , Kyriakides, M. A. , Onoufriou, (2013). Journal of Vibration and Control, 19(15): 2255.

74. Hearn, G. , Testa, R. B. (1991). Journal of Structural Engineering ASCE, 117, 3042.

75. Hofinger, M. , Leconte, P. (2004). 6th ONERA-DLRAerospaceSymp, 22-23 June 2004.

76. Hu, S. , Shen, S. (2010). Science China Physics, Mechanics and Astronomy, 53 (8), 1497.

77. Huang, X. , &Xie, Y. M. (2010). Evolutionary to pology optimization, methods and applications. Chichester: John Wiley and Sons Ltd.

78. Imam, I. , Azarro, S. , Bankert, R. , &Scheibel, J. (1989). Journal of Vibration, Acoustics, Stress and Reliability in Design, 3, 241.

79. Indenbom, V. L. , Loginov, E. B. , Osipov, M. A. (1981). Kristallografiya, 26(6): 1157.

80. Johnson, W. (1982). Self-tuning regulators for multicy clic control of helicopter vibration, NASA Technical Report.

81. Kerr, A. D. , &Alexander, H. (1968). Acta Mechanica, 6(2): 180.

82. Kessler, C. (2011). CEAS Aeronautical Journal, 1(1/2/3/4): 23.

83. Kloepel, V. (2006). International Conference Cooperation with the New EU Member States in Aeronautics Research, Berlin, May15th, 2006.

84. Kogan, S. M. (1963). Solid State Physics, 5(10): 2829.

85. Kosenko, E. E. , Kosenko, V. V. , Cherpakov, A. V. (2013). Engineering Journal of Don, 27(4): 271 (In Russian).

86. Kosenko, E. E. , Kosenko, V. V. , Cherpakov, A. V. (2013). Engineering Journal of Don, 27(4): 272 (In Russian).

87. Krasnoshchekov, A. A. , Sobol, B. V. , Solov'ev, A. N. , &Cherpakov, (2011). Russian Journal of Nondestructive Testing, 47(6): 412.

88. Krawczuk, M. , Ostachowicz, W. M. (1992). Archives of Applied Mechanics, 62, 463.

89. Kube, R. , Schimke, D. , Janker, P. (2000). RTOAV Tsymposiumon active control technology for enhanced performance operational capabilities of military aircraft, land vehicles and seavehicles, Braunschweig, Germany, 8-11May, 2000.

90. Kumar, D. , Cesnik, C. E. S. (2013). AHS 69th Annual Forum, Phoenix, Arizona, 21-23May, 2013.

91. Leighton, W. , Nehari, Z. (1958). Transactions of the American Mathematical Society,

89, 325.

92. Liang, R. Y. , Hu, J. , Choy, F. (1992). Journal of Mathematical Analysis and Applications, 118, 384.

93. Liang, R. Y. , Hu, J. , Choy, F. (1992). Journal of Mathematical Analysis and Applications, 118, 1469.

94. Liang, X. , Hu, S. , Shen, S. (2013). Journal of Applied Mechanics, 80(4): 044502.

95. Liao, Y. , Sodano, H. A. (2009). 20(5): 505.

96. Liu, L. , Friedmann, P. P. , Kim, I. , &Bernstein, D. S. (2006). AHS 62nd Annual Forum, Phoenix, AZ.

97. Liu, Y. , Tian, G. , Wang, Y. , Lin, J. , Zhang, Q. , &Hofmann, (2009). Journal of Intelligent Material Systems and Structures, 20(5): 575585.

98. Ma, W. , Cross, L. E. (2003). Applied Physics Letters, 82(19): 3293.

99. Mainz, H. , vander Wall, B. G. , Leconte, F. , Ternoy, F. , &desRoshettes, (2005). 31st European Rotorcraft Forum, Florence, Italy, 13-15September, 2005.

100. Majdoub, M. S. , Sharma, P. , Cagin, T. (2008). Physical Review B, 77, 125424.

101. Makhutov, N. A. (2005). Construction strength, resource and technogenic safety. Novosibirsk: Nauka. (In Russian).

102. Maranganti, R. , Sharma, N. D. , Sharma, P. (2006). Physical Review B, 74(1): 014110.

103. Mashkevich, V. S. , Tolpygo, K. B. (1957). Soviet Physics-JETP, 4, 455.

104. Matveev, V. V. (1997). Strength Problems, 6, 5.

105. Matveev, V. V. , Bovsunovsky, A. P. (1999). Strength Problems, 4, 19.

106. Matveev, V. V. , Bovsunovsky, A. P. (2000). Strength Problems, 5, 44.

107. Matveev, V. V. , Bovsunovsky, A. P. (2002). Journal of Sound and Vibration, 249 (1), 23.

108. Maucher, C. K, et al. (2007). 33rd European Rotorcraft Forum, Kazan, Russia.

109. Milov, A. B. , Nevsky, Y. N. , Strakhov, G. A. , &Ukhov, (1983). Issues of dynamics and strength (Vol. 43, p. 97). Riga: Zinatne. (In Russian).

110. Mindlin, R. D. Problems of continuum mechanics In: Soc. Industrial and Appl. Math. , Philadelphia, J. R. M. , Ed. , 282 (1961).

111. Moosad, K. P. B. , Krishnakumar, P. , Chandrashekar, G. , &Vishnubhatla, (2007). Applied Acoustics, 68(10): 1063.

112. Morales, R. M. , Turner, M. C. (2013). AHS 69th Annual Forum, Phoenix, Arizona, 21-23May, 2013.

113. Morassi, A. (1993). Journal of Mathematical Analysis and Applications, 119, 1798.

114. Morassi, A. (1997). Inverse Problems in Engineering, 4, 231.

115. Morassi, A. (2001). Journal of Sound and Vibration, 242, 577.

116. Morassi A., In: Problems instructural identification and diagnostics: General aspects and applications, C. Davini, E. Viola, Eds. Springer, NewYork, 163 (2003).

117. Morassi, A., Dilena, M. (2002). Inverse Problems in Engineering, 10, 183.

118. Morassi, A., Rollo, M. (2001). Journal of Vibration and Control, 7, 729.

119. Morassi, A., Rovere, N. (1997). Journal of Mathematical Analysis and Applications, 123, 422.

120. Parinov, I. A. (Ed.). (2013). Nano and piezoelectric technologies, materials and devices (p. 261). NewYork: Nova Science Publishers.

121. Narkis, Y. (1994). Journal of Sound and Vibration, 172, 549.

122. Natke, H. G., Cempel, C. (1991). Journal of Mechanical Systems and Systems Processing, 5, 345.

123. Nechibvute, A., Chawanda, A., Luhanga, P. (2012). ISRN Materials Science, 2012, 921361.

124. Nelson, H. D., Nataraj, C. (1986). Transactions of the American Society of Mechanical Engineers, Series B. Journal of Engineering for Industry, 108, 52.

125. Non-destructive testing and diagnostics: Handbook, V. V. Klyuevetc., (Ed.) Moscow: Mashinostroenie, (1995) (In Russian).

126. Ostachowicz, W. M., Krawczuk, M. (1990). Computers and Structures, 36, 245.

127. Ostachowicz, W. M., Krawczuk, M. (1991). Journal of Sound and Vibration, 150, 191.

128. Pandey, A. K., Biswas, M., Samman, M. M. (1991). Journal of Sound and Vibration, 145, 321.

129. Papatheou, E., Mottershead, J. E., Cooper, J. E. (2013). Int. Conf. Structural Engineering Dynamics ICE Dyn2013, Lisbon, Portugal, 17-19June, 2013.

130. Parinov, I. A. (2012). Microstructure and properties of high-temperature super conductors (Seconded. p. 779). Heid elberg, NewYork, Dordrecht, London: Springer.

131. Paris, P., &Si, J. (1968). Applied issues of fracture toughness (p. 64). Moscow: Mir. (In Russian).

132. Parton, V. Z., &Morozov, E. M. (1985). Mechanic sofelasto-plastic fracture. Moscow: Nauka. (In Russian).

133. Pavelko, I. V., Pavelko, V. P. (2002). Scientific Proceedings of Riga Technical University. Ser. 6. Transport and Engineering. Mechanics. RTU Press, Riga, 7, 159.

134. Pavelko, V. P., Shakhmansky, G. V. (1971). Proc. RIICA, Riga, 191, 87. (In Russian).

135. Parinov, I. A., Hsyung-Chang, S. (Eds.). (2013). Physics and mechanics of newmate-

rials and their applications (p. 444). NewYork: Nova Science Publishers.
136. Parinov, I. A. (Ed.). (2010). Piezoc eramic materials and devices (p. 335). NewYork: Nova Science Publishers.
137. Parinov, I. A. (Ed.). (2012). Piezoelectric materials and devices (p. 328). NewYork: Nova Science Publishers.
138. Parinov, I. A. (Ed.). (2015). Piezoelectrics and nanomaterials: Fundamentals, developments and applications (p. 283). NewYork: Nova Science Publishers.
139. Parinov, I. A. (Ed.). (2012). Piezoelectrics and related materials: Investigations and applications (p. 306). NewYork: Nova Science Publishers.
140. Postnov, V. A. (2000). Izvestiya of RAS. Mechanics of Solids, 6, 155.
141. Prechtl, E. F., &Hall, S. R. (1997). Proc. SPIE3041, Smart Structures and Materials 1997: Smart Structures and Integrated Systems, 158.
142. Rizos, P. F., Aspragathos, N., Dimarogonas, A. D. (1990). Journal of Sound and Vibration, 143, 381.
143. Roundy, S., Wright, P. K. (2004). Smart Materials and Structures, 13(5): 1131.
144. Roundy, S., Wright, P. K. (2004). Smart Materials and Structures, 13(5): 1135.
145. Ruotolo, R., Surace, C., Crespo, P., &Storer, D. (1996). Computers and Structures, 61(6): 1057.
146. Rytter, A. (1999). Vibration based in spection of civilengineering structures. PhDThesis, University of Aalborg (Denmark), p193.
147. Saavedra, P. N., Cuitino, L. A. (2001). Computers and Structures, 79: 1451.
148. Sahin, E., Dost, S. (1988). International Journal of Engineering Science, 26(12): 1231.
149. Shen, J., Chopra, I., Johnson, W. (2003). AHS 59th Annual Forum, Phoenix, Arizona, 6-8May, 2003.
150. Shen, J., Yang, M., Chopra, I. (2004). 45th AIAA/ASME/ASCE/AHS/ASC Structures, Structural Dynamics & Materials Conf., Palm Springs, Ca, 19-22April, 2004.
151. Shen, M. H. H., &Pierre, C. (1990). Journal of Sound and Vibration, 138, 115.
152. Shen, M. H. H., &Taylor, J. E. (1991). Journal of Sound and Vibration, 150, 457.
153. Shevtsov, S., Akopyan, V., Rozhkov, E. (2011). Proc. of the 5th Intern. Symp. on Defect and Material Mechanics. Jule2011. Sevilia, Spain, 92.
154. Shevtsov, S., Akopyan, V., Rozhkov, E., Chebanenko, V., Yang, C. C., JennyLee, (2016). In: Advanced materials manufacturing, physics, mechanics and applications, Springer Proceedings in Physics, IvanA. Parinov, Shun-Hsyung, VitalyYu. Topolov (Eds.), (p. 534). Heidelberg, NewYork, Dordrecht, London: Springer Cham, 175.
155. Shevtsov, S., Flek, M., Zhilyaev, I. (2013). In I. A. Parinov & S. H. Chang (Eds.),

Physics and mechanics of new materials and their applications (p. 259). NewYork: Nova Science Publishers.

156. Shevtsov, S., Zhilyaev, I., Axenov, V. (2013). IASTED Int. Conf. Modelling, Identification and Control, Innsbruck, Austria, 11-13February, 2013.

157. Soloviev, A. N., Chebanenko, V. A., Parinov, I. A. (2018). In H. Altenbach, E. Carrera, & G. Kulikov (Eds.), Analysis and modelling of advanced structures and smart systems, series: Advanced structured materials (p. 227). Singapore: Springer Nature.

158. Soloviev, A. N., Chebanenko, V. A., Zakharov, Yu. N., Rozhkov, E. V., Parinov, I. A., (2017). In: Advancedmaterials-techniques, physics, mechanics and applications, Springer Proceedings in Physics, IvanA. Parinov, Shun-Hsyung Chang, Muaffaq A. Jani, (Eds.). Heidelberg, NewYork, Dordrecht, London: Springer Cham, 193, 485.

159. Soloviev, A. N., Cherpakov, A. V., Parinov, I. A. (2016). In: Proceedings of the 2015 international conference on physics and mechanics of new materials and their applications, devoted to 100th Anniversary of the Southern Federal University, Ivan A. Parinov, Shun Hsyung Chang, VitalyYu. Topolov (Eds.). (p. 515). NewYork: Nova Science Publishers.

160. Soloviev, A. N., Duong, L. V., Akopyan, V. A., Rozhkov, E. V., &Chebanenko, (2016). DSTU Vestnik, 1(84): 19. (in Russian).

161. Soloviev, A. N., Parinov, I. A., Cherpakov, A. V., Chebanenko, V. A., Rozhkov, E. V., (2018). In: Advances instructuran integrity. Proceedings of SICE 2016, series: Mechanical engineering, R. V. Prakash, V. Jayaram, A. Saxena (Eds.), Singapore: Springer Nature, 291.

162. Soloviev, A. N., Parinov, I. A., Duong, L. V., Yang, C. C., Chang, S. H., &Lee, (2013). In I. A. Parinov, S. H. Chang (Eds.), Physics and mechanics of new materials and their applications (p. 335). NewYork: Nova Science Publishers.

163. Soloviev, A. N., Vatulyan, A. O. (2011). In I. A. Parinov (Ed.), Piezoceramicmaterials and devices (p. 1). NewYork: Nova Science Publishers.

164. Solovyev, A. N., Duong, L. V. (2016). Journal of Applied Mechanics, 8(3): 1650029.

165. Straub, F., Anand, V. R., Birxhette, T., &Lau, B. H. (2009). 35th European Rotorcraft Forum, Hamburg, Germany, 22-25September, 2009.

166. Sundermeyer, J. N., Weaver, R. L. (1995). Journal of Sound and Vibration, 183, 857.

167. Timoshenko, S. P. (1967). Oscillations in engineering. Moscow: Nauka. (In Russian).

168. Tolpygo, K. B. (1962). Solid State Physics, 4: 1765.

169. Tsyfansky, S. L., Beresnevich, V. I. (1998). Journal of Sound and Vibration, 213 (1): 159.

170. Tsyfansky, S. L., Beresnevich, V. I. (2000). Journal of Sound and Vibration, 236(1): 49.

171. Tsyfanskii, S. L., Beresnevich, V. I., Lushnikov, B. V. (2008). Non-linearvibro-diagnostics of machines and mechanisms. Riga: Zinatne. (In Russian).

172. Tsyfanskii, S. L., Magone, M. A., Ozhiganov, V. M. (1985). Russian Journal of Non-destructive Testing, 21(3): 77.

173. Tsyfanskii, S. L., Ozhiganov, V. M., Milov, A. B., &Nevsky, (1981). Issues of dynamics and strength (Vol. 39, p. 3). Riga: Zinatne. (In Russian).

174. Vatulyan, A. O. (2007). Reverse problems in mechanics of deformable solids. Moscow: Fizmatlit (In Russian).

175. Vatulyan, A. O. (2010). Applied Mathematics and Mechanics, 74(6): 909.

176. Vatulyan, A. O., Soloviev, A. N. (2009). Direct and reverse problems for homogeneius and heterogeneous elastic and electro-elastics-olids. Rostov-on-Don: Southern Federal University Press (In Russian).

177. Vestroni, F., Capecchi, D. (1996). Journal of Vibration and Control, 2, 69.

178. Vestroni, F., Capecchi, D. (2000). Journal of Engineering Mechanics, 126(7): 761.

179. Viswamurthy, S. R., Ganguli, R. (2008). Journal of Vibration and Control, 14(8): 1175.

180. Wang, J., Shi, Z., Han, Z. (2013). Journal of Intelligent Material Systems and Structures, 24(13): 1626.

181. Wu, Q. L. (1994). Journal of Sound and Vibration, 173, 279.

182. Yu, S., He, S., Li, W. (2010). Journal of Mechanics of Materials and Structures, 5(3): 427.

183. Yuen, M. M. F. (1985). Journal of Sound and Vibration, 103, 301.

184. Zhao, S., Erturk, A. (2014). Sensors and Actuators A: Physical, 214, 58.

185. Zheludev, I. S. (1966). Czechoslovak Journal of Physics, 16(5): 368.